(Conserver (a conseller))

ARCHIVES DU MUSÉE D'HISTOIRE NATURELLE DE TOULOUSE

QUATRIÈME PUBLICATION

ÉTUDE

DE L'OMBRIVE

OU

GRANDE CAVERNE D'USSAT (ARIÉGE)

ET DE SES ACCESSOIRES

PAR

LE Dr J.-B. NOULET

PROFESSEUR A L'ÉCOLE DE MÉDECINE ET DE PHARMACIE
DIRECTEUR DU MUSÉE D'HISTOIRE NATURELLE

TOULOUSE
ÉDOUARD PRIVAT, IMPRIMEUR-LIBRAIRE
RUE DES TOURNEURS, 45

1882

ARCHIVES DU MUSÉE D'HISTOIRE NATURELLE DE TOULOUSE

QUATRIÈME PUBLICATION

ÉTUDE
DE L'OMBRIVE

ou

GRANDE CAVERNE D'USSAT (ARIÉGE)

ET DE SES ACCESSOIRES

PAR

LE D' J.-B. NOULET

PROFESSEUR A L'ÉCOLE DE MÉDECINE ET DE PHARMACIE
DIRECTEUR DU MUSÉE D'HISTOIRE NATURELLE

1882

ÉTUDE

DE L'OMBRIVE

ou

GRANDE CAVERNE D'USSAT (ARIÈGE)

ET DE SES ACCESSOIRES

Sous le titre d'*Étude de l'Ombrive, ou Grande caverne d'Ussat*, je me décide à publier, après une très longue préparation, le résultat de mes recherches dans le vaste souterrain de ce nom, ainsi que dans les petites grottes qui l'avoisinent immédiatement, ne regrettant point de venir après tant d'autres qui se sont essayés au même sujet, en m'arrêtant à cette réflexion qu'un tel retard m'a permis de multiplier mes investigations et d'en déduire plus sûrement des conclusions que l'état actuel de la science autorise.

Je crois devoir avertir que, dans l'exposé des faits, je n'ai tenu compte que de mes observations personnelles et du résultat de fouilles entreprises sous ma direction et contrôlées avec le plus grand soin.

Bon nombre d'auteurs se sont occupés de l'Ombrive, soit au point de vue descriptif, soit au point de vue de l'histoire naturelle et de l'archéologie. Je me suis fait une loi de ne discuter aucune de leurs opinions, très diverses, d'ailleurs. C'est donc un travail d'exposition et non de critique que je présente à la bienveillante appréciation de ceux qui ont bien voulu accorder quelque intérêt à mes études de paléontologie et d'archéologie préhistorique.

I

La caverne que l'on a pris l'habitude de désigner sous le nom d'*Ombrive,* ou de *Grande caverne d'Ussat,* est située dans le territoire de la commune de ce nom, et creusée dans le massif de calcaire crétacé qui règne, à gauche du cours de l'Ariége, depuis Bouan jusqu'à la rencontre du torrent de Vic-Dessos. On pénètre dans ce souterrain par deux grandes ouvertures, placées presque au même niveau, et à environ cent trente mètres au-dessus de la route nationale qui longe la vallée.

Ces entrées sont à l'exposition du nord-est; les rayons du soleil ne les atteignent qu'en passant, le matin, sans pénétrer dans l'intérieur de l'antre. C'est de cette particularité, pensons-nous, qu'a été tiré le nom d'*Ombreuse (Oumbriouo)* que porte la caverne elle-même[1].

Cette disposition tranche, en effet, avec l'exposition au midi des entrées de plusieurs cavités ouvertes dans le massif calcaire de même âge, situé du côté opposé de la vallée[2].

Le souterrain qui nous occupe est, dans le groupe des grottes d'Ussat, celui qui, depuis longtemps, a eu le privilège d'attirer le plus grand nombre d'étrangers parmi ceux qui fréquentent les thermes de cette localité.

Il l'a dû autant peut-être au majestueux développement de ses galeries qu'aux difficultés qu'offrait autrefois son parcours, sorte de défi porté à la curiosité des visiteurs.

1. Des mots romans *Ombrin, Umbriu, a,* adj.: *Oumbriu, ombriuo, oumbribo,* dans les dialectes actuels du midi de la France.

A cette occasion, nous citerons une indication due à M. Adolphe Garrigou, qui, en parlant des grottes des environs d'Ussat, a écrit : « Celle de Lombrive (*sic*) porte un nom qui rappelle le culte d'une divinité « aquitanique *Ilhumber ;* on a trouvé dans son sein des ossements humains pétrifiés. » — « Il paraît, ajoute « M. Garrigou, qu'à une époque bien reculée, des malheureux, réfugiés sous ces horribles voûtes, ont « trouvé là une mort violente ; mais l'histoire et la tradition se taisent sur ce tragique événement. » (*Sabar,* Toulouse, 1849, p. 8.)

Nous nous contenterons de faire remarquer que le prétendu nom divin *Ilhumber* n'a d'autre origine qu'une mauvaise lecture épigraphique : c'est *Iluni? deo* que porte le cippe votif de Bagiey, conservé au Musée des antiquités de Toulouse (n° 132 du *Catalogue* de 1865, p. 59).

2. Ce sont les *Petites grottes (Petitos caugnos)* ; l'une d'elles est même appelée Grotte de midi (*Caugno de mietjoun*).

Cette préférence lui aurait été même acquise dès le seizième siècle, s'il restait démontré, comme certains l'ont supposé, qu'on doive reconnaître la Grande caverne d'Ussat dans un passage, trop peu explicite pour servir de preuve, écrit par un historien fantaisiste des comtes de Foix, Bertrand Hélie, qui n'en parlait, comme il a eu le soin d'en avertir, que par ouï-dire. Le jurisconsulte de Pamiers attribuait évidemment[1] à une seule caverne (*Tarasconis foramen*) ce qu'il avait entendu raconter de plusieurs souterrains des environs de Tarascon[2]. Dès lors, tout est vague, confus et même de pure imagination dans la caractéristique qu'il en a tracé.

Il faut aussi se garder d'appliquer à l'Ombrive, ainsi qu'on l'a fait, les quatre vers fautivement cités par Olhagaray[3] et que l'on a attribués à cet historien[4], tandis qu'il les avait empruntés, en les altérant, à Guillaume de Salluste du Bartas. Le poète gascon avait écrit dans *les Neuf muses des Pyrénées*, présentées au roi de Navarre :

> Ce roc cambré par nature ou par l'aage,
> Ce roc de Tarascon hébergea quelquefois
> Les geans qui voloyent les montagnes de Foix,
> Dont tant d'os excessifs rendent seur témoignage[5].

Il serait, ce semble, plus naturel de reconnaître dans le *Roc de Tarascon*, célébré par du Bartas, le massif calcaire du Soudour, véritable rocher gigantesque isolé au

1. *Historia fuxensium comitum, Bertrandi Helie appamiensis jurisconsulti. Tolosæ*, 1540 ; in-4°.
2. *Tarasconis foramen angusto admodum aditu quo scalis admotis ascenditur.*
3. Pierre Olhagaray, *Histoire des comptes (sic) de Foix, Béarn et Navarre, etc.* Paris, 1629 ; in-4°.
4. M. Adolphe Garrigou, dans ses *Études historiques*, et ceux qui l'ont suivi.
5. Olhagaray appela *Antre de Tarascon* la demeure imaginaire du prétendu roitelet père de Pyrène, dont Hercule avait été l'heureux amant. Ayant, à ce propos, cité les quatre vers du du Bartas, il les transforma ainsi, en en dénaturant le sens :

> Ce roc cambré par art, par nature et par l'aage,
> Ce roc de Tarascon hebergea quelque foix (*sic*)
> Les geans qui couroyent les montagnes de Foix
> Dont tant d'os excessifs rendent seur témoignage.

En remplaçant, au troisième vers, *voloyent* par *couroyent*, Olhagaray prouva qu'il n'avait pas compris ce passage. En voici le sens : du Bartas en a fait un trait mordant de satire ; il a eu l'intention de dire qu'autrefois les voleurs de la plaine venaient se cacher dans les bois et dans les profondeurs des rochers des Pyrénées, mais que de son temps il en était tout autrement :

> Jadis, les fiers brigands du pays plat bannis,
> Des bourgades chassez, dans les villes punis,
> Avoyent tant seulement des grotes pour aziles.
> Ores les innocens, paoureux, se vont cacher
> Ou dans un bois épais, ou sous un creux rocher,
> Et les plus grands voleurs commandent dans les villes.

milieu de la plaine de Tarascon, parcouru à l'intérieur par de nombreuses galeries, dont celle dite Grotte de Bédeilhac est une des plus majestueuses que l'on puisse visiter. Cette masse du Soudour, si pittoresque, qui attire et attache les regards par quelque côté qu'on l'envisage, était, dans tous les cas, digne d'inspirer la muse admiratrice des beautés pyrénéennes.

Tout au contraire, la montagne massive et sans caractère dans laquelle l'Ombrive est creusée n'a rien qui la distingue des montagnes voisines; elle ne pouvait donc mériter le nom de *roc* employé par le poète, et encore moins celui de roc de Tarascon, localité voisine, mais à laquelle rien, dans la topographie de la contrée, ne vient la relier immédiatement.

Quoi qu'il en soit de la peinture poétique que du Bartas a tracée de ce *roc cambré* auquel il rattachait, lui aussi, l'histoire fabuleuse d'Hercule et de Pyrène, disons que de nombreux auteurs se sont occupés de l'Ombrive, mais plutôt au point de vue descriptif qu'au point de vue de l'histoire naturelle et de l'archéologie. Ce n'est que de nos jours que l'on en a entrepris l'exploration scientifique.

Ce fut pendant l'automne de 1826, il y a donc plus de cinquante ans, que je visitai pour la première fois la Grande caverne d'Ussat, d'où je retirai quelques débris de squelettes humains qui sont restés dans mes collections. Depuis cette époque, je me contentai, pendant mes fréquentes excursions à travers les Pyrénées de l'Ariége, de revoir, à plusieurs reprises, les galeries de l'Ombrive. Enfin, j'ai pu faire une étude suivie de ce souterrain de 1862 à 1865, étude que j'ai reprise en 1872, 1874 et enfin en 1878.

II

Le massif dans lequel l'Ombrive est creusée est constitué par un calcaire blanc-grisâtre, subcompacte, et suffisamment solide. Il s'élève comme une grande muraille, dont les assises supérieures surplombent, à gauche de la vallée de l'Ariége; mais des éboulements, qui se continuent depuis un temps immémorial, ont formé au-dessous de la grande entrée de la caverne un amas de débris considérable, épanoui en éventail, composé de grands blocs et de menus blocaux, accidents qui donnent à cette portion du pied de la montagne un aspect désolé.

C'est à travers ce talus d'éboulement, véritable chaos à pente raide, que fut tracé, en 1821, par les ordres de M. le baron de Mortarieu, alors préfet de l'Ariège, le sentier en lacets qui conduit à la grande entrée de l'Ombrive[1].

Ce talus à double pente, dont l'une pénètre dans la caverne, laisse sans horizon l'ouverture vraiment majestueuse à laquelle il vient aboutir. Aussi n'est-ce qu'après en avoir atteint le faîte que l'on peut apprécier les deux splendides arcades qui constituent cette entrée.

L'une d'elles, l'extérieure, qui est la plus développée, est large de quarante mètres et n'a pas moins d'élévation. Elle est surmontée d'une sorte de corniche à bancs calcaires horizontaux, fréquemment fracturés, supportant les couches en saillie qui atteignent le haut de l'escarpement. La seconde arcade, au-delà de laquelle commence, à proprement parler, la caverne, a trente mètres d'ouverture sur vingt-cinq mètres d'élévation[2].

III

On pénètre dans la caverne en descendant la rampe rapide qui conduit au niveau de la seconde arcade. Le jour se prolonge assez loin dans les profondeurs du souter-

1. M. de Mortarieu, accompagné d'un médecin, le docteur Arispure, et de l'archiviste départemental, M. Rambaud, visita l'Ombrive le 22 juillet 1822. Il y fit recueillir plusieurs os humains, entre autres des os de la tête, qui furent mis dans un bocal déposé dans la salle de la bibliothèque de Foix, placée sous la surveillance de M. Rambaud. Ce bocal, que l'on y voit encore, porte une inscription de la main du conservateur, consacrant ce souvenir. Elle a pour titre : *Ossements trouvés dans la grotte de l'Ombrive, vis-à-vis Ussat.* Elle se termine par ces lignes : *Il* (le Préfet) *s'est convaincu que ces immenses voûtes ont été, ou la retraite d'hommes malheureux (peut-être pendant les guerres civiles), ou la demeure d'hommes vivant à l'état de nature. Serait-ce la grotte dont parle Olhagaray ?* Viennent à la suite les quatre vers fautifs cités plus haut.

2. Des deux côtés de la grande entrée de l'Ombrive, à l'extérieur, se montrent les ouvertures de plusieurs cavités plus ou moins étendues que je dois signaler :

1° A droite de l'arcade, une galerie indépendante règne le long du flanc de la montagne : c'est une sorte de tunnel largement ouvert à ses deux extrémités, dont l'une se termine à une petite distance de la *Petite Ombrive*. Cette caverne, indépendante de la grande, n'a qu'un seul compartiment que, le premier, j'ai exploré scientifiquement et qui m'a fourni, avec des ossements humains de sujets d'âges différents, des objets travaillés : tessons de poterie, haches en pierre polie, poinçons et polissoirs en os, et plusieurs pièces en bronze.

Je donnerai la description complète de la Petite Ombrive à la suite de la présente étude.

2° A gauche, un peu au-dessous du faîte du talus d'éboulement, se laisse deviner, fermée qu'elle est aux trois quarts par des éboulis et des ronces, une grotte dans l'intérieur de laquelle on n'arrive qu'en rampant. Elle a quatre mètres de large sur huit de long ; la voûte s'élève à vingt mètres environ, et communique avec une seconde excavation qui vient s'ouvrir sous la première arcade, et par laquelle elle reçoit la lumière. Restée inexplorée jusqu'en novembre 1865, les fouilles que nous y pratiquâmes nous fournirent de nombreux os de bœuf ordinaire, de chèvre, de brebis, et quelques dents de porc, ainsi que beaucoup de tessons de pâtes diverses, des disques et des molettes en granit, et un grand stylet en os de bœuf.

rain; mais à peine en a-t-on franchi le seuil que l'on cesse de rien apercevoir de l'extérieur.

Afin de faire mieux comprendre la topographie des régions de l'Ombrive explorées jusqu'à ce jour, dont leur développement en longueur, d'après nos mesures, atteint le chiffre de quinze cents mètres, et de porter une suffisante précision dans la description des lieux, nous appliquerons des noms à ces divers compartiments, en utilisant parfois ceux dont les guides font usage.

Ces compartiments ne sont pas très nombreux : on atteint les uns de plain-pied par les deux entrées; ceux-ci constituent la région basse de la caverne, ce que l'on pourrait appeler le rez-de-chaussée; les autres ne sont accessibles qu'après avoir escaladé un ressaut considérable; ils comprennent la région haute ou étage supérieur.

La direction moyenne des principales galeries, aux deux étages, va du sud-est au nord-ouest, et par conséquent parallèlement à la vallée et au cours de l'Ariége, vers Sabar et la caverne de ce nom.

Le talus intérieur franchi, le sol, à droite, vient en s'inclinant gagner le niveau du *Vestibule,* qui se présente tout d'abord. C'est là le passage naturel que l'on suit pour parvenir à ce premier compartiment. On y rencontre, le long de la muraille, quelques quartiers de calcaire éboulés et des monticules formés de terre et de cendres.

Le côté gauche est en contre-bas, à une profondeur de douze mètres. Le fond de cette sorte de *fosse,* recouvert de débris calcaires, vient se terminer brusquement en un ressaut présentant une large échancrure où se trouve fixé, seulement par ses deux côtés, un bloc de granit roulé de forme ovalaire, qui n'a pas moins de trois mètres trente centimètres de haut et deux mètres quatre-vingts centimètres de large; en arrière de ce bloc, on en aperçoit un second de même nature, un peu moins volumineux et s'appuyant sur le sol. A ces blocs aboutit une rigole, à pente inclinée, venant du Vestibule : on dirait le lit d'un torrent desséché[1].

Au reste, la muraille de ce même côté gauche possède plusieurs petites excavations, placées à des niveaux différents; l'une, la plus spacieuse, nous a livré des objets dignes d'intérêt[2].

----

1. A seize mètres d'élévation, dans la même muraille, se montre un gros bloc de granit arrondi, fixé à l'entrée d'un enfoncement qu'il bouche presque en entier.

2. Le sol était recouvert de terre et de débris calcaires, parmi lesquels se trouvait un disque en granit, deux petits stylets en os, des tessons de poterie provenant de pièces montées à la main, et des débris d'un petit vase en pâte fine et rouge, monté au tour de potier.

En 1862, lorsque je dirigeai les premières fouilles qui eussent été entreprises près de la grande entrée de l'Ombrive, je fis ouvrir, le long de la muraille, à droite, les lits de cendre stratifiés avec des lits de terre dont je viens de parler, représentant une longue suite de foyers[1]. Il en a été de même lorsque j'ai repris ces fouilles les années suivantes.

Une certaine quantité d'os de bœuf, de brebis, de chèvre, de porc (ces derniers peu nombreux) furent retirés de ces couches, mais plus particulièrement des dépôts terreux. Aucun de ces os n'accusait une grande ancienneté; il y en avait même de récents; ils y étaient mêlés à beaucoup de tessons de poterie. Nous n'y rencontrâmes qu'un stylet (*Pl.* I, *fig.* 7) et un petit lissoir en os. (*Pl.* I, *fig.* 6.)

Les tessons de poterie, la plupart modelés à l'aide des doigts, s'y sont trouvés en fragments trop réduits pour permettre de rétablir la forme des vases auxquels ils avaient appartenu. Les pâtes plus ou moins grossières ayant servi à leur fabrication offraient, dans les plus communes, un mélange de grains siliceux et de paillettes de mica. Ces fragments sont très épais, et leur cuisson fort incomplète. Leur surface extérieure est seule colorée en rouge de brique pâle; l'intérieur est noirâtre, nuance qui rend plus apparents les grains blancs de sable et les paillettes brillantes de mica.

D'autres tessons sont d'un gris plus ou moins foncé, à surface grenue et rugueuse, mais avec moins d'épaisseur que les précédents, la pâte ayant eu plus de liant et de ténacité.

Enfin, certains fragments minces, si on les compare à ceux que nous avons fait entrer dans les deux premières catégories, sont lisses et luisants à la suite d'un lissage dont on distingue aisément les traces sur les surfaces, tant extérieures qu'intérieures. Ces tessons sont d'un brun rougeâtre plus ou moins prononcé. Il y en a d'autres qui ont été lissés de la même façon que les précédents, quoique leur couleur soit d'un gris d'ardoise foncé. L'un d'eux porte, dans le haut, quatre entailles assez profondes, dis-

---

1. Ce fait se reproduit à l'entrée de toutes les cavernes du groupe d'Ussat; il est facile de l'expliquer par les feux que n'ont cessé d'y allumer — ce qui a lieu encore de nos jours — ceux qui viennent y chercher temporairement un abri, les bergers surtout. Nos ouvriers ont rarement manqué de suivre cette coutume, aux heures de leurs repas, toutes les fois que le froid se faisait sentir. Il en a été de même au vestibule de la caverne de l'Herm, ainsi que je l'ai signalé dans mon Étude sur cette caverne (1874).

Les os y furent rares; ils provenaient des mammifères suivants : du bœuf ordinaire, de la brebis, du renard et du chat.

Les renards fréquentent les entrées de toutes les cavernes du groupe d'Ussat. On le constate aisément aux époques de l'année où mûrissent les merises et les raisins, en remarquant dans leurs excréments des noyaux et des graines de ces fruits dont ils sont très friands.

De nombreux chats, vivant en pleine liberté, habitent les anfractuosités des rochers escarpés autour d'Ussat; on les chasse pour leur fourrure.

posées en série linéaire ; elles faisaient partie d'une suite de traits semblables incisés tout autour du vase, ornementation que nous avons retrouvée dans certains spécimens, moins incomplets que celui-ci, découverts dans d'autres compartiments de la caverne.

Avec ces tessons de poterie façonnée à la main se trouvait un fragment de vase fait à l'aide du tour de potier. Il est en terre rouge, d'une excellente pâte, qu'on ne saurait distinguer de celle des bonnes poteries de l'époque gallo-romaine.

Les os des mammifères déjà indiqués étaient ou entiers ou accidentellement fragmentés ; le plus souvent, ils ont consisté en os longs, éclatés d'après un mode particulier à chaque groupe zoologique[1]. Aucun d'eux n'avait été fracturé de main d'homme ; aucun d'eux ne portait non plus de traces de l'action du feu, alors même qu'ils étaient mêlés aux cendres des foyers.

Les os du bœuf ordinaire, d'assez fortes dimensions, ont été les plus communs ; ils indiquaient des sujets de taille variable et généralement jeunes. Venaient ensuite, quant à leur abondance, ceux de brebis et de chèvre ; ceux de porc y étaient rares. Le cheval ne s'y est pas trouvé représenté.

En somme, la grande entrée de l'Ombrive, c'est-à-dire l'espace à parcourir entre les deux arcades qui la délimitent, espace qui, ainsi que je viens de le dire, n'avait pas été exploré avant mes fouilles, me fournit des débris osseux de trois animaux existant à l'état domestique à peu près dans la même proportion relative que la statistique de la localité nous les montre actuellement. Avec ces restes furent trouvés de nombreux débris de poteries, de pâtes et de formes variées, et de très rares os taillés, provenant d'os longs de deux petits ruminants.

IV

L'entrée de la caverne franchie, on arrive au *Vestibule,* large de soixante mètres sur vingt mètres de long. La voûte, qui n'est pas très élevée, ne porte que de rares et insignifiantes stalactites. Vers le milieu de la muraille, à droite, s'ouvre largement une galerie qui n'a pas moins de deux cent cinquante mètres de parcours.

Dirigée d'abord dans le sens de son ouverture, elle s'infléchit et arrive ensuite

---

1. Il y aurait une intéressante étude à entreprendre sur la façon dont les os des divers vertébrés se fragmentent lorsqu'ils sont abandonnés aux actions des agents naturels. Cette sorte de *clivage,* pour me servir d'une expression que j'ai coutume d'employer, et qui m'a été empruntée, explique des faits qui ont été parfois attribués à l'action humaine, lorsqu'elle y était tout à fait étrangère.

directement, en conservant à peu près la même largeur, jusqu'à l'entrée qui lui est propre (Petite entrée de l'Ombrive). Celle-ci est ouverte au flanc de la montagne, au-dessus d'un escarpement, en regard d'Ussat-le-Vieux[1]. Ce compartiment, tout de plain-pied, quoique dépendant de l'Ombrive, porte, dans la localité, le nom particulier de *Grotte de la Mamelle*[2].

Du plafond de la galerie, qui est d'une médiocre élévation et partout revêtu, ainsi que les murailles, d'incrustations calcaires, pendent d'innombrables stalactites aux formes variées. Dans la portion exactement dirigée vers l'entrée, ces ornements naturels sont accompagnés d'une suite d'élégantes colonnes qui, élevées sur un soubassement régnant des deux côtés, vont se rattacher à la voûte, qu'elles semblent soutenir.

En partant du *Vestibule,* le plancher de la Galerie de la Mamelle s'élève par une légère rampe ne se prolongeant pas au-delà d'une quarantaine de mètres ; de là, il va en s'inclinant progressivement jusqu'à la rencontre du talus qui encombre l'entrée. Dans toute son étendue, le plancher se trouve embarrassé de quartiers de calcaire détachés de la voûte ou des parois, mêlés à de nombreux blocs de granit roulés, dont certains n'ont pas moins de deux à trois mètres dans leur grand diamètre.

Nous avons rencontré à diverses reprises, à travers les blocs roulés et les quartiers de roches anguleux, soit à la surface du sol, soit dans le terreau noirâtre qui s'y trouve accumulé, des os de ruminants intentionnellement travaillés.

L'entrée extérieure de la Galerie de la Mamelle, Petite entrée de l'Ombrive, large de sept mètres, n'offre que trois mètres sous clef de voûte, tant se sont accumulés, sous l'arcade qui la forme, les éboulis qui tendent à la remplir ; ceux-ci constituent en dedans un talus rapide dont la pente atteint une quarantaine de mètres. Dès 1862, ce compartiment, surtout la portion touchant au talus dont il vient d'être parlé, m'avait fourni, rencontrés à la surface du sol, un nombre considérable de disques en granit, dont certains présentaient d'assez grandes dimensions, ainsi que des éclats d'os de ruminants travaillés de main d'homme.

En 1865, je fis exécuter sur ce point des recherches que je dirigeai pendant plusieurs jours ; aucune fouille n'y avait encore été pratiquée. Ces travaux eurent lieu un peu avant d'arriver au talus et en remontant celui-ci de sa base vers le sommet.

1. C'est cette entrée, et non la grande, qu'on aperçoit du fond de la vallée, la grande entrée se trouvant masquée par le talus qui la précède.

2. Elle est appelée *Grotte de la Mamelle* (*Caugno de la Poupo*), de ce fait qu'une volumineuse stalactite, ayant la forme des deux mamelles de chèvre accolées, pend à la voûte vers la moitié de la portion droite de la galerie qui aboutit à l'entrée. Il découle des prétendues mamelles un filet d'eau, que reçoit une petite cuvette stalagmitique.

D'abord, un lit d'argile jaune tenace, à peine recouvert, en cet endroit, de débris calcaires, ne donna lieu à aucune découverte, quoique la tranchée que nous venions d'ouvrir eût atteint une assez grande profondeur [1].

Il en fut tout autrement lorsque les ouvriers parvinrent au talus formé de débris calcaires mobiles; nous en retirâmes de nombreux ossements, parmi lesquels des restes humains et divers produits de l'industrie de l'homme. En voici l'énumération :

Ossements humains :

1° Une moitié de coronal, incomplète par le haut, ayant appartenu à un enfant de huit à dix ans ;

2° Un fragment de pariétal de jeune sujet;

3° Une grande portion de maxillaire supérieur du côté gauche d'un jeune sujét ayant porté sept dents; la huitième molaire, la dent de sagesse, n'était pas encore prête à faire son évolution ; les deuxième et troisième molaires seules sont en place; l'usure de leur couronne tend à l'uniformité;

4° Un second maxillaire supérieur d'un adolescent, plus incomplet que le précédent, ayant conservé les deuxième, troisième et quatrième molaires. Ces trois dents sont saines, ainsi que celles du morceau précédent; elles offrent les mêmes caractères quant à leur usure;

5° Une vertèbre cervicale d'enfant; les apophyses transverses et épineuses manquent; le corps est épiphysé;

6° Une tête de fémur et un corps du même os d'adolescent;

7° Un humérus, auquel manquent les deux extrémités. La cavité olécranienne semble avoir été perforée.

Ces divers morceaux accusent au moins un enfant, deux jeunes individus et un adolescent. Les pièces très réduites de la tête ne permettent pas de se faire une idée suffisante de la forme de cette portion du squelette. L'usure des dents paraît avoir été avancée par rapport à l'âge des sujets auxquels elles ont appartenu; leurs couronnes tendaient à arriver à un rasement uniforme.

Les objets rencontrés dans les mêmes conditions que les os humains, et qui présentent des preuves évidentes du travail de l'homme, ont consisté : 1° en des frag-

---

1. Le 6 août 1878, j'ai fait ouvrir une tranchée à dix mètres en arrière de celle-ci ; elle m'a fourni de très nombreux os de bœuf, de chèvre et de brebis, ces derniers moins abondants, un fragment de bois de cerf, une défense de porc, deux côtés de maxillaire inférieur de chien et une portion de cubitus de bœuf taillé en pointe.

ments ou tests de poterie peu abondants, relativement aux fouilles exécutées; 2° en os ouvrés, et 3° enfin, en cailloux intentionnellement façonnés.

Les tessons rentrent dans des types bien connus : les uns abondants, provenant de vases exécutés à la main; les autres rares, façonnés au tour de potier et ressemblant à certains types gallo-romains.

1° *Tessons modelés à la main.* — La pâte en est grossière, avec des grains de sable et des paillettes de mica. Ces tessons sont plus ou moins épais et imparfaitement cuits. Certains accusent des vases d'une assez grande capacité.

Un fragment a dû appartenir à ces sortes de formes, variées et façonnées en creusets ou en gobelets, que nous avons trouvées entières ailleurs (à l'entrée de la grotte de Sabar), passant à peine au rouge et à surfaces polies à la suite d'un lissage. (*Pl.* III, *fig.* 5.)

Un autre fragment doit être rapporté à la forme en capsule, assez commune près des entrées de nos cavernes; la pâte est la même que celle du creuset, et ses surfaces auraient été également soumises à l'action d'un lissage pratiqué à la main.

2° *Tessons façonnés au tour de potier.* — Deux fragments qui se raccordent, quoique depuis longtemps séparés, puisqu'ils furent trouvés assez loin l'un de l'autre, sont d'une bonne fabrication. La pâte en est fine, et la cuisson leur a donné une couleur de rouge-vif. Ils ont fait partie d'une sorte de soucoupe d'assez grande dimension; des stries circulaires d'une parfaite régularité forment plusieurs cercles concentriques et produisent un fort bon effet, en rappelant certaines pièces de la céramique gallo-romaine.

3° *Os travaillés.* — Ils appartiennent tous sans exception à des ruminants. Ils consistent : 1° en douze stylets ou poinçons entiers (*Pl.* I, *fig.* 5 et 8), ou dont la pointe manque par le fait de cassures accidentelles; 2° en deux éclats de canon de bœuf, avec l'une des deux extrémités taillée en lissoir; l'un de ces objets offre deux faces à l'extrémité polie, l'autre est taillé en pointe (*Pl.* I, *fig.* 3); ce fut le premier que nous rencontrâmes à la surface du sol en 1862; 3° une portion d'os de bœuf, longue de douze centimètres, plate et taillée obliquement en pointe (*Pl.* I, *fig.* 4); 4° une extrémité d'andouiller de cerf commun (*Cervus elaphus*); 5° deux fragments de bois du même cerf; ils offrent à leur base des traces non équivoques d'incisions, pratiquées à l'aide d'un instrument en métal; 6° un court fragment de bois de cerf, dont le sommet porte une cavité conique qui se prolonge jusqu'aux deux tiers de sa longueur (*Pl.* II, *fig.* 3). Il a dû servir de manche à un outil en pierre ou en os de petite dimension[1];

1. Cette pièce représente certains fragments de bois de cerf ayant servi à emmancher des celts en

7° une portion de bois de cerf, bien plus considérable que la précédente, puisqu'elle a près de vingt centimètres de long, et remarquable par le travail qu'elle a subi (*Pl.* II, *fig.* 1). Ce morceau a appartenu à la base d'un bois tombé qui a conservé sa meule. Les deux premiers andouillers manquent, le second a été détaché après avoir été circonscrit par de nombreuses entailles, très nettes, et telles qu'un instrument tranchant en métal pourrait les produire. La portion dilatée entre la place qu'occupaient les andouillers porte aussi plusieurs entailles rapprochées et entre-croisées; on dirait que cette partie de l'os aurait été ainsi incisée en servant de point d'appui à des objets que l'on aurait amincis à l'aide d'un instrument tranchant.

Mais c'est l'extrémité supérieure qui est surtout digne de remarque; après avoir été tronquée et évidée au centre, elle fut découpée tout autour en une sorte de couronne à sept lobes, ceux-ci hauts de deux centimètres, obtus et séparés entre eux par des intervalles de deux centimètres.

Pierres façonnées de main d'homme :

Les pierres travaillées, retirées de la Galerie de la Mamelle, proviennent : les unes de la surface du sol, où j'ai dit que nous les avions rencontrées en assez grand nombre; les autres, des déblais que nous fîmes exécuter aux dépens du talus touchant à l'entrée. Les plus nombreuses ont consisté en des disques granitiques plus ou moins grands, aplatis, de forme arrondie ou discoïde, ayant une de leurs faces artificiellement unie par usure; cette face est tantôt plane et tantôt légèrement convexe ou plus ou moins concave. Ces surfaces ont été usées, comme le sont, par le frottement, les grandes meules en granit employées dans les moulins à farine de la contrée. Nos disques ne sont jamais percés au centre. Nous en avons rencontré qui mesuraient plus de quarante centimètres de diamètre, tandis que d'autres n'offraient que des dimensions très réduites.

Avec ces disques se trouvaient d'autres cailloux, également en granit, pugillaires ou un peu plus que pugillaires, présentant une, deux ou même plusieurs de leurs faces usées et planes, sortes de *molettes* pouvant avoir servi à la trituration des grains étant promenés à la surface des pierres meulières qui viennent de nous occuper.

Les éboulis, sous l'entrée de cette galerie, nous procurèrent trois celts ou haches

pierre ou des stylets en os, engins retirés en si grand nombre des constructions sur pilotis des lacs de la Suisse. Le Musée de Toulouse en possède une seconde provenant de la grande entrée de la caverne de Bédeillac.

en pierre polie, vulgairement connues sous le nom de Haches celtiques et de Pierres de foudre. On avait employé, pour les façonner, des cailloux provenant des roches dures de la contrée.

L'un de ces celts est en gneiss, très altéré à sa surface; il est allongé, avec ses extrémités presque égales en largeur. Il s'éloigne donc par ce trait de la forme générale, qui est celle de coins ayant la base élargie et tranchante. Celui-ci à seize centimètres de large.

Les deux autres ont été taillés dans une roche noire amphibolique; ils rentrent dans la forme ordinaire, c'est-à-dire en coin. Le premier, de forme aplatie, ne conserve que les deux tiers environ de sa longueur (huit centimètres); sa base, large et tranchante, est restée intacte; elle mesure cinq centimètres. Ce morceau, lorsque nous le retirâmes du talus, était entièrement recouvert d'une légère couche d'incrustations calcaires dont nous l'avons dégagé sur l'une de ses faces (*Pl. I, fig. 2*).

Le second, épais et conique, est incomplet par les deux bouts; il mesure encore cent vingt-cinq millimètres de long; la face qui a été représentée (*Pl. I, fig. 1*), a été dépouillée de la couche incrustante qui la recouvrait.

Enfin, la Galerie de la Mamelle nous a livré une assez grande quantité d'éclats en quartzite, sorte d'esquilles à bords tranchants, mais n'offrant aucune de ces formes nettement déterminées qui caractérisent certains éclats appartenant à la période quaternaire[1].

Les os des divers animaux fournis par cette galerie ont été recueillis soit à la surface du sol, soit à travers les débris calcaires et les blocs granitiques qui l'encombrent; ceux-ci appartiennent, en général, au bœuf et à la brebis. D'autres ont été retirés du talus d'éboulement; ils ont donc été rencontrés dans les mêmes conditions de gisement que les objets façonnés de main d'homme et que les restes humains qui viennent d'être énumérés. Ils caractérisent les espèces suivantes :

Mammifères carnassiers :

Chien (Canis familiaris Lin.), représenté par trois formes : 1° chien de forte taille, à museau court et robuste, d'après une portion d'un côté droit de maxillaire inférieur; ce morceau n'a conservé que la dernière molaire, celle qui venait, par

1. Voir ce que nous avons dit de ces éclats, que l'on rencontre aux entrées de toutes nos cavernes, dans l'*Etude sur la caverne de l'Herm* (1874); dans notre *Étude sur les cailloux taillés par percussion du pays toulousain*, etc., 1880, et dans nos *Nouvelles études sur le gisement quaternaire de Clermont*, près de Toulouse (1881), 2ᵉ et 3ᵉ publications des *Archives du Musée d'histoire naturelle de Toulouse.*

conséquent, après la carnassière; 2° chien d'assez forte taille, à museau plus allongé que celui du précédent, d'après un côté droit de maxillaire inférieur, portant les quatre dernières molaires; 3° une dent canine isolée dénotant un chien de taille moindre que les deux qui viennent d'être signalés. Cette dent est à peine plus grande que ses congénères, découvertes dans la galerie supérieure de cette même caverne que nous aurons [bientôt à décrire.

Ours (*Ursus arctos* LIN.), d'après une seule dernière molaire.

Mammifères herbivores :

RONGEURS : *le Castor* (*Castor fiber* LIN.), une seule dent incisive.

PACHYDERMES : *le Cochon domestique* (*Sus scrofa* LIN.; *Sus domesticus* DESMARETS), d'après quelques rares fragments de maxillaires et de dents isolées, ayant appartenu à des individus peu âgés.

RUMINANTS : *le Bœuf* (*Bos taurus* LIN.), nombreux débris, presque tous fragmentés, noyaux osseux ou chevilles de cornes, portions de mandibules et dents indiquant des âges et des tailles variés.

Chèvre (*Capra hircus* LIN.), os du squelette et noyeux osseux des cornes.

Brebis (*Ovis aries* DESMARETS), os et dents plus communs encore que ceux de la chèvre.

Cerf commun (*Cervus elaphus* LIN.), des portions de bois exclusivement.

Ainsi, la Galerie de la Mamelle ne nous a fait connaître que des ossements appartenant à des espèces de la faune actuelle, et, parmi ceux-ci, les plus abondants doivent être attribués à des races domestiquées, telles que celles du Chien, du Bœuf, de la Brebis, de la Chèvre et du Porc[1].

L'ours vit encore dans les Pyrénées et y constitue une race plus petite, caractérisée par le pelage blond, surtout à son premier âge, et par la couleur noire intense des poils des pieds; c'est l'ours des Asturies (*Ursus Pyrenaicus* Fr. CUVIER).

On trouvera à la fin de notre travail les déductions que nous avons cru devoir tirer de nos fouilles dans la région basse de l'Ombrive.

---

1. Je dois avertir que nous avons trouvé à la surface du sol, dans les parties basses de l'Ombrive, ainsi qu'aux entrées de toutes les cavernes ou grottes du groupe d'Ussat, des os de chien, de bœuf, de brebis, de chèvre, de porc et de renard récemment introduits. Il y en a eu dont on ne pouvait faire remonter le dépôt qu'à quelques mois ou même à quelques jours.

En bonne logique, et dans les conditions que nous venons de définir, on ne peut considérer comme ayant vécu à un des âges préhistoriques admis que les seuls animaux dont les os ont été convertis en des types ouvrés ayant servi à de telles déterminations. Quant à ceux qui n'ont pas été modifiés par le travail de l'homme, on ne saurait leur assigner de date certaine, souvent même relative.

V

En revenant à notre point de départ, c'est-à-dire au vestibule, nous nous trouvons sur le seuil d'une galerie qui est, à proprement parler, la continuation directe de la principale entrée de la caverne, et que nous désignerons sous le nom de *Grande galerie inférieure*. Si le plancher conserve à peu près partout un niveau uniforme, il n'en est pas de même du plafond qui, tout à coup surbaissé, ne s'élève guère, dans son milieu, qu'à deux mètres au-dessus du sol. Cette allée mesure trois cent quarante mètres de long; elle a une belle largeur, à peine variable dans tout son parcours[1].

Dirigée d'abord dans le sens du vestibule jusqu'au cent quatre-vingt-dixième mètre, elle dévie ensuite à droite pour atteindre un passage bas et étroit que nous nommons *le Tunnel*.

Le plafond de la galerie inférieure, très bas, ainsi qu'il vient d'être dit, offre une particularité qui ne manque jamais d'attirer l'attention des visiteurs. Son milieu, dans le sens longitudinal, offre sur toute sa longueur une fissure d'où partent les deux côtés de la voûte, qui vont en s'inclinant assez symétriquement, l'un à droite, l'autre à gauche; on dirait la carène renversée d'un vaisseau.

Cette fente, que nous retrouverons dans toute la longueur du plafond de la galerie supérieure, ne commence à se montrer qu'à cent vingt mètres au-delà du vestibule.

Le sol de la Grande galerie inférieure est recouvert de tuf stalagmitique, d'épaisseur variable, d'un jaune ocracé assez prononcé. Il résulte d'une succession de dépôts parfois feuilletés. Nous l'avons fait attaquer sur plusieurs points, sans en avoir retiré ni ossements, ni objets de l'industrie humaine. Dans ce long, large et bas compartiment, on note de loin en loin quelques massives stalagmites qui peuvent servir de points de repère; telle est celle qu'on nomme le *Melon*, à cause de la forme arrondie et cannelée qu'elle affecte. Elle se trouve à cent quatre-vingts mètres du vestibule, c'est-à-dire à peine au-delà de la moitié du parcours de la galerie.

Celle-ci aboutit brusquement au *Tunnel*, passage exigu de quinze mètres de long, si bas autrefois, qu'on ne le parcourait qu'en rampant. C'était là la première difficulté à vaincre quand on entreprenait la visite de ce souterrain.

---

1. La pente du plancher, depuis le fond de la galerie jusqu'au vestibule, est insignifiante; elle peut être évaluée à trois ou quatre mètres.

Ce passage est devenu suffisamment aisé depuis qu'on a approfondi d'un mètre, au moins, la voie aux dépens des couches tufacées qui tendaient à l'obstruer de jour en jour[1].

Le Tunnel franchi, on pénètre dans une salle, l'*Amphithéâtre* ou *Grande salle* ayant quatre-vingts mètres de développement en longueur sur vingt-cinq à trente mètres en largeur. Le sol, d'abord horizontal, s'élève bientôt en une rampe rapide et étagée. Partout ici, de même que dans le parcours de la galerie et du tunnel, le plancher est formé par un dépôt de ce même tuf jaunâtre qui recouvre habituellement un lit de sable gris à grains fins, remontant parfois assez haut le long des murailles. La croûte tufacée, résistante quand on l'attaque à l'aide du pic ou de la pioche, cède néanmoins lentement à l'action dissolvante des gouttières qui coulent du haut de la voûte, d'où résultent les continuelles dépressions en forme de cuvettes très variées qu'elle présente à sa surface et qui la rendent très inégale.

Parfois, on croit y voir les ondulations de dépôts abandonnés par des eaux agitées. C'est ainsi que la cause première qui a amené la formation de la nappe calcaire, due à l'action des eaux chargées d'acide carbonique, sert à en modifier sans cesse la surface.

A mesure que l'on gravit les degrés de l'Amphithéâtre (dix mètres), on voit la voûte de la salle s'exhausser à son tour, et devenir à la fin remarquablement élevée ; elle laisse entrevoir au-dessus de la muraille du fond une large fente qui va se perdre dans les anfractuosités des rochers. C'est le *Défilé*, le seul passage faisant communiquer l'étage inférieur avec l'étage supérieur.

Nous avons ramassé à la surface du sol, à l'Amphithéâtre, deux vertèbres de bœuf ordinaire d'assez forte taille et un côté de maxillaire inférieur de brebis, portant des incrustations stalagmitiques.

Des fouilles soigneusement exécutées sur divers points de ce compartiment nous ont donné les résultats suivants : entre vingt et trente centimètres de profondeur, sur le sable gris, immédiatement recouvert par le tuf calcaire, reposaient de nombreux os d'un bœuf qui se fait distinguer par sa petite taille ; c'est la variété du bœuf ordinaire connue sous les dénominations de *Bœuf des tourbières* (*Bos taurus brachyceros*), ayant

---

1. En même temps que le plancher et la voûte se recouvraient de dépôts calcaires, les parois latérales de cet étroit passage recevaient le même revêtement. Tout tendait donc à l'oblitérer en entier. Ainsi, sans l'intervention de l'homme, les deux grands compartiments de la caverne se seraient trouvés bientôt isolés, et la portion inférieure seule serait restée accessible à nos investigations.

des membres grêles, le front plat et allongé, et les cornes épaisses et courtes, à pointes, dirigées en dehors, légèrement recourbées en avant et en haut. Ces os, fixés dans la gangue, avaient souvent conservé leurs rapports anatomiques ; nous avons rencontré ainsi plusieurs séries de vertèbres et des os de membres plus ou moins complets. Ces pièces représentent au moins trois individus variant d'âge.

Nous avons trouvé, placés dans les mêmes conditions, des os des membres, des portions de maxillaire et des dents isolées de cerf commun, et deux os seulement de brebis, un tibia presque entier et une phalange unguéale.

Les ossements de petit bœuf, de cerf et de brebis étaient accompagnés de nombreux tessons de poterie, indiquant parfois des vases d'une assez grande capacité. Chez les uns, la pâte est des plus grossières ; d'autres, les plus abondants, sont en terre mieux choisie. Ils sont noirâtres et d'une bonne cuisson, tandis que les premiers sont incomplètement cuits et d'un rouge douteux. Les uns et les autres ont été façonnés à l'aide des doigts. Il est digne de remarque que la plupart de ces débris sont revêtus, à l'intérieur, d'un enduit fuligineux, qui, étant enlevé, laisse paraître leur véritable couleur. Certains portent des saillies grossières ayant pu servir à les fixer dans les mains. Deux morceaux, qui ont probablement fait partie de la même pièce, offrent en relief deux boutons arrondis et aplatis de trente-trois à trente-cinq millimètres de diamètre. Un seul de ces tessons se trouve muni d'une anse large ; il est en poterie rouge.

L'Amphithéâtre ne nous a fait connaître aucun fragment de poterie provenant de pièces montées au tour.

Il résulte de nos recherches dans cette salle : 1° qu'elle n'a présenté à la surface du sol que de rares os de bœuf ordinaire et de brebis ; 2° qu'à la rencontre du tuf avec le sable, qui lui est inférieur, se trouvaient de nombreux os de bœuf de petite taille, deux os de brebis et des os et des dents de cerf commun.

Ces derniers restes d'animaux se sont donc trouvés déposés, de même que les tessons de poterie dont il vient d'être fait mention, à la superficie du sable et recouverts ensuite par le dépôt tufacé.

Nous n'y avons pas rencontré d'ossements humains.

Avant de pénétrer plus loin dans le souterrain, rappelons que du bas de l'Amphithéâtre, fortement éclairé, on distingue une entaille à la voûte, allant se perdre dans le haut de la muraille du fond. C'est cette fente, le *Défilé,* qu'il faut atteindre, pour gagner de là les hautes régions de l'Ombrive, en franchissant d'abord le *Pas des Échelles.*

Le ressaut de ce nom n'a pas moins de vingt-cinq mètres d'élévation au-dessus des derniers gradins de l'*Amphithéâtre*; on le gravissait autrefois à l'aide de plusieurs échelles à main mobiles, dont le pied reposait sur d'insignifiantes saillies de la muraille, mais qui étaient bien connues des guides. Depuis quelques années, les échelles sont solidement fixées. L'effet de ce mur à escalader est des plus saisissants : que l'on veuille bien se représenter une surface à peu près perpendiculaire recouverte en entier d'un manteau de stalagmite, disposé en ondulations successives et variées, offrant tout à fait l'aspect d'une large nappe d'eau, ou, si l'on veut, d'une majestueuse cascade qu'une baguette magique aurait arrêtée dans sa chute et immobilisée.

VI

L'ascension à l'aide des échelles accomplie, on se trouve sur une très étroite *Plate-forme,* en face de l'entrée du *Défilé,* passage à rampe très raide, étroit et limité des deux côtés par des murailles dressées d'aplomb. Ce corridor, long de quatre-vingts mètres, ne cesse point d'aller en s'élevant jusqu'à sa terminaison [1]. Il est encombré de gros quartiers de calcaire éboulés, entre lesquels on distingue de grands blocs de granit roulés et arrondis. On ne franchissait d'abord cet espace que péniblement en sautant de pierre en pierre [2], et c'est ainsi que l'on parvenait à l'entrée de la Grande galerie supérieure.

Celle-ci offre un bien grand intérêt, autant par son majestueux développement que par la variété des objets que l'on y rencontre ; elle se prolonge dans les flancs de la montagne jusqu'à une profondeur de sept cent soixante et dix mètres, d'abord en suivant la direction générale de l'étroit passage qui vient de nous occuper ; puis, après s'être courbée à gauche, à l'endroit où l'on rencontre un premier réservoir d'eau,

1. Nous estimons à dix mètres la différence de niveau entre la Plate-forme et la fin du Défilé; en ajoutant à ce chiffre les trente-cinq mètres d'élévation qui séparent la partie basse de l'Amphithéâtre de la Plate-forme, on trouve que l'entrée de la Grande galerie supérieure est, au *minimum,* à quarante-cinq mètres plus haut que l'étage inférieur.

2. Ce passage a été récemment amélioré en comblant les vides laissés entre les blocs de granit et les quartiers de calcaire, ce qui a permis d'établir un étroit sentier suffisamment praticable.

En portant ses regards vers la voûte de ce passage, on est surpris d'y apercevoir un énorme bloc erratique en granit que l'on dirait prêt à s'en détacher.

le Grand-Lac, elle prend une direction opposée, jusqu'au *Carrefour,* qui a aussi son lac.

Du Carrefour, après avoir laissé à gauche l'entrée de la Galerie dite *du Lion,* et à droite celle d'une excavation inexplorée, *le Précipice,* sorte de gouffre atteignant quarante-sept mètres de profondeur, on gagne le fond de la Grande galerie, dont la voûte va en s'abaissant de plus en plus, et où se voient accumulés dans un pêle-mêle effrayant une innombrable quantité de blocs éboulés.

On parvient dans la *Galerie du Lion* par une rampe d'abord rapide, puis de moins en moins prononcée. Cet étroit compartiment se termine en une impasse dont la voûte, peu élevée, est soutenue par une massive et puissante colonne stalagmitique isolée. On a pris l'habitude de désigner ce compartiment, qui a deux cents mètres de long, par la dénomination que nous lui conservons, tirée de la représentation d'un lion accroupi que l'on se plaît à attribuer à une stalagmite qui figure sur un ressaut, dans une niche riche en décors calcaires.

Le sol de la Grande galerie supérieure, dont je viens d'indiquer la topographie générale, offre quelques accidents dignes d'être signalés. Il se montre, en apparence, horizontal, quoiqu'il présente en réalité deux faibles pentes à directions opposées : l'une allant vers l'entrée, l'autre vers le fond de la caverne, la ligne de partage se trouvant un peu au-delà du premier lac.

Actuellement, on ne connaît pas d'issue faisant communiquer directement la région haute de l'Ombrive avec l'extérieur ; mais il a dû en être autrement dans les temps antérieurs, à en juger par les matériaux de remplissage que l'on y observe.

Le plancher de cet étage, constitué par la roche vive, est recouvert d'un lit de sable gris ardoisé à grains fins, mêlé de paillettes de mica, identique, par conséquent, à celui que nous avons dit exister à l'Amphithéâtre. Sur plusieurs points, et à des distances assez considérables les unes des autres, ces sables sont remplacés par des cailloux et des blocs granitiques roulés, arrondis ou ellipsoïdaux, que nous aurons à apprécier en détail ; les accidents que l'on est d'abord surpris de constater devant être étudiés avec toute l'attention qu'ils méritent.

Le premier de ces dépôts à gros éléments gît à cent mètres de l'entrée de la galerie, vis-à-vis un boyau largement ouvert dans la muraille, à droite. Cet enfoncement, qui a une soixantaine de mètres de développement, se trouve occupé, jusqu'auprès de la voûte, par du sable fin et gris, qui vient se confondre en nappe continue avec celui du plancher, dont il présente tous les caractères.

En constatant ces faits, une déduction s'impose en quelque sorte à l'esprit : on se demande si l'on n'est pas en présence d'un passage souterrain, mis autrefois en communication directe avec la partie extérieure et supérieure de la montagne.

Le second dépôt de cailloux et de blocs roulés se trouve à deux cents mètres au-delà de celui que nous venons de mentionner, et à soixante mètres au-delà du premier lac[1], réservoir aux eaux limpides que l'on rencontre, ainsi que je l'ai dit, au point où la galerie se courbe à gauche. Les blocs de granit et les cailloux granitiques qui les accompagnent occupent un périmètre d'une quinzaine de mètres carrés; ils sont à peine recouverts d'une légère croûte calcaire; nous en avons mesuré dont le grand diamètre n'a pas moins de cent vingt centimètres. Ils sont sensiblement inclinés vers le fond de la caverne, disposition qui indique la direction du courant qui les déposa.

Enfin, à deux cents mètres au-delà du second dépôt de graviers et de blocs roulés, on en constate un troisième, tout attenant à l'ouverture de l'excavation restée inexplorée[2]. En cet endroit, des cailloux cimentés en poudingues recouvrent le sable fin et ardoisé qui se prolonge assez haut en nappe continue.

A l'entrée de la Galerie du Lion, des blocs et des cailloux granitiques de moins en moins volumineux remontent, en partant du Carrefour, le long de la rampe assez rapide que l'on rencontre d'abord, et témoignent ainsi du ralentissement des efforts du courant qui les y entraîna.

L'aire de cette sorte de plage n'a pas au-delà de douze mètres carrés; puis, au

---

1. On l'appelle aussi *Grand-Lac*, pour le distinguer d'un plus petit réservoir, situé au centre du Carrefour.

Entre ces deux bassins recevant les eaux d'infiltration tombant de la voûte, il en existe un troisième, aux proportions très réduites, souvent laissé à sec.

A la suite de la fonte des neiges, et pendant les saisons pluvieuses, le Grand-Lac occupe toute la largeur de la galerie. Durant l'été de 1865, ces eaux étaient fort réduites; elles le furent bien davantage au mois de novembre de la même année, de telle sorte que nous pûmes alors apprécier, avec la disposition du bassin, sa profondeur exacte et la plus grande élévation que ses eaux avaient pu atteindre. La cuvette va en s'approfondissant en pente douce, de droite à gauche. De ce dernier côté, les lignes horizontales limoneuses que les différents niveaux de l'eau y ont tracées sur la muraille ne donnent pas au bassin une profondeur *maxima* de plus de trois mètres.

2. La différence de niveau, prise à l'entrée du Précipice avec un fil d'aplomb, a été de quarante-sept mètres.

Un fait important à noter, c'est la constatation d'un effondrement existant immédiatement avant d'arriver au Carrefour. Il a trente mètres de longueur, et l'affaissement du plancher est de un à deux mètres. Pendant les périodes pluvieuses, les eaux qui viennent y affluer s'engouffrent avec fracas à travers les fentes qu'il présente. Ainsi des mouvements du sol s'opèrent encore de nos jours dans le souterrain, et peuvent en modifier la disposition sur certains points.

delà, viennent les sables fins, mêlés parfois à de menus graviers, les uns et les autres se continuant ainsi jusqu'au fond de ce compartiment.

Dans la Galerie supérieure', une couche, formée de lits minces stratifiés du
même tuf calcaire jaunâtre et granulé, que nous avons dit surmonter les sables à
l'Amphithéâtre, au pied du Pas des Échelles, règne également au-dessus du dépôt
sableux, que tout indique comme étant presque partout continu. Parfois la couche de
tuf, dont l'épaisseur excède rarement vingt à trente centimètres, est précédée d'un lit
mince d'argile grasse et douce au toucher, qui se trouve dès lors placé entre les sables
subjacents et le tuf qui le recouvre[1].

Au reste, le sédiment calcaire offre ici, à sa surface, les mêmes accidents que
nous avons signalés en parlant de ce même dépôt dans les compartiments de la région
inférieure[2].

VII

Occupons-nous maintenant des sables et du tuf stalagmitique au point de vue des
restes osseux et des objets de l'industrie humaine qu'ils nous ont livrés.

Ainsi que j'en ai averti, on savait depuis longtemps que la Grande galerie supérieure de l'Ombrive renfermait des ossements humains. Lorsque, en 1826, nous la
visitâmes pour la première fois, on limitait l'espace ossifère, que l'on désignait déjà
sous le nom de *Cimetière*, à quelques vingt ou trente mètres au-delà de l'entrée de la
galerie.

Les eaux, en tombant de la voûte et en érodant le manteau stalagmitique qui fixait
les ossements, en avaient mis un assez grand nombre à découvert. On les trouvait
gisant çà et là. Des fragments de crânes et des crânes entiers, que la mince couche
de sédiment laissait parfois deviner, devenaient autant de points de mire pour les
visiteurs, qui les écrasaient du pied et les abandonnaient sans plus d'attention.

L'aire du cimetière a été successivement étendue. Ceux qui l'ont interrogée au

1. Vers le fond de la Galerie du Lion, le plafond et les parois sont constitués par des brèches calcaires pâles, semblables à celles que l'on voit à l'extérieur de la montagne. Elles portent dans leurs anfractuosités des nids de véritable *argile smectique* ou *terre à foulon*.

2. La surface du sol stalagmitique de la Galerie supérieure est rendue fort inégale par l'effet des
gouttières qui attaquent encore ici le tuf en le creusant très diversement, et souvent d'une façon pittoresque. C'est ainsi qu'après avoir dépassé le premier Lac, on parcourt un espace que les guides ont nommé *la
Mer*, et qui, à la lueur des flambeaux, rappelle très bien l'effet d'eaux légèrement houleuses.

nom de la science ont ouvert, sans aucune suite, de nombreuses tranchées, bien au-delà de l'espace où les ossements humains se montraient autrefois. Nous l'avons agrandie nous-même, en 1865, en portant nos investigations jusqu'à cent quarante-sept mètres du point de départ[1].

Il s'en faut bien, néanmoins, que les restes humains se trouvent partout, et lorsqu'on en rencontre ils varient singulièrement en nombre. Habituellement, ils reposent sur les lits de sable et d'argile, et sont alors recouverts par la couche tufacée, ou bien ils sont complètement engagés dans ce dernier dépôt par le fait de remaniements.

Il est excessivement rare que les os ne soient pas entiers : des crânes s'y sont montrés dans un parfait état de conservation. Fréquemment, des séries d'os ont gardé leurs rapports anatomiques, comme nous l'avons maintes fois observé pour des ver-tèbres, des côtes, et pour les os des membres. Aucun de ces restes ne nous a montré des traces d'usure ; ils ont conservé intactes jusqu'à leurs moindres saillies, et rien, dans de telles conditions, ne peut faire supposer qu'ils aient été charriés de loin. Leur couleur est d'un jaune roussâtre, qui est aussi celle du tuf, qui les recouvre ou les enveloppe. Ils sont légers, sonores, et happent fortement aux lèvres humides.

Pendant nos fouilles tant de fois reprises, nous avons constamment vu les ossements humains accompagnés de fréquents débris de poteries, et dans l'espace où l'on restreignait autrefois le cimetière, nous avons recueilli avec ceux-ci des perles d'ambre jaune ou succin, ainsi que des dents canines de chien et de renard ayant leurs racines le plus souvent traversées par un trou de suspension.

Ce sont là les seuls restes de l'industrie humaine que cette galerie nous ait d'abord fournis ; mais des fouilles, exécutées au mois d'août 1874, nous ont fait constater la présence d'objets en bronze que nous décrirons plus loin.

Les sables, laissés à découvert par défaut de dépôt calcaire, ne s'y montrent qu'exceptionnellement le long des murailles et dans les enfoncements que celles-ci pré-sentent et qu'ils remplissent en partie. C'est dans l'enfoncement qui s'offre le pre-mier, au Cimetière, qu'en 1866 je découvris plusieurs os et un côté de maxillaire supérieur du même bœuf de petite taille, déjà signalés à l'Amphithéâtre. Ces restes étaient placés sur le sable et à peine déguisés par une légère couche de tuf[2]. Tout

---

1. De loin en loin, le plafond de la galerie ainsi que ses murailles sont ornés de stalactites ; au-dessus du sol s'élèvent de rares et massives stalagmites auxquelles les guides ont appliqué des noms. Un de ces accidents, qu'ils nomment le *Confessionnal*, est vraiment remarquable. On dirait de vastes courtines, aux mille plis, décorant un boudoir créé par une imagination des plus fantaisistes.

2. Ils se trouvaient donc placés dans les mêmes conditions que les os d'animaux rencontrés à l'Am-phithéâtre de l'étage inférieur

auprès et dans les mêmes conditions, je recueillis une dent molaire de cerf commun (*Cervus elaphus* Lin.). Au vieux cimetière, auprès de la muraille, à droite, j'ai ramassé plein les deux mains de petits osselets humains provenant des extrémités supérieures et inférieures, placés, de même, presque à nu sur le sable.

Il est temps de faire connaître en détail les divers objets retirés du Cimetière; nous mettrons en première ligne les ossements humains. Ceux-ci y ont été trouvés en très grande quantité, sans qu'il soit permis de supputer, même approximativement, le nombre des individus qu'ils pourraient représenter.

On constate seulement que les sujets étaient d'âges et de sexes différents. Il y a des os qui caractérisent des enfants, depuis deux à trois ans jusqu'à dix; d'autres, des adolescents et des adultes; nous n'en avons pas rencontré ayant appartenu à des vieillards.

Le Cimetière, en l'étudiant, comme je viens de le dire, nous a fait connaître, avec de très nombreux os de toutes les régions du squelette, sept crânes, dont certains d'une suffisante conservation; tels sont les suivants :

1° *Crâne de femme* (*Pl.* IV, *fig.* 1 et 2). — Ovalaire d'une bonne conformation, mais avec un défaut de symétrie, assez prononcé dans ses deux côtés; courbe fronto-occipitale présentant une légère dépression à la limite extrême de l'écaille du frontal.

Diamètre antéro-postérieur maximum . . . . . . 180 millimètres.
— iniaque. . . . . 175 —
— transverse maximum. . . . . 139 —

Face orthognate, endommagée des deux côtés; fosses orbitaires directes, pommettes non saillantes.

2° *Crâne d'homme* (*Pl.* IV, *fig.* 3 et 4). — Il a perdu une notable portion du côté droit; ovalaire, très grand comparativement aux autres; courbe fronto-occipitale prononcée, avec une légère dépression sur le frontal, qui est modérément fuyant.

Diamètre antéro-postérieur maximum. . . . . . 196 millimètres.

Face très allongée, surtout par la portion sous-nazale, ce qui distingue encore ce crâne des autres; fosses orbitaires obliques, pommettes non saillantes.

3° *Crâne d'homme* (*Pl.* V, *fig.* 1 et 2), voisin du précédent, à courbe occipito-frontale prononcée; dépression de cette courbe sur les pariétaux; frontal plus fuyant que dans les précédents, écaille de l'occipital proéminente.

Diamètre antéro-postérieur maximum . . . . . . 174 millimètres.

— iniaque . . . . 168 —

— transverse maximum . . . . 138 —

Face : fosses orbitaires directes, pommettes non saillantes, sans prognatisme.

4° *Crâne d'homme* (*Pl.* V, *fig.* 3 et 4). — Une portion de la base, du côté droit de la région postérieure, manque. Crâne court et large; courbe fronto-occipitale peu prononcée, ce qui lui est particulier; dépression de la courbe sur la suture même du frontal et des pariétaux; bosses frontales plus marquées que dans les précédents.

Diamètre antéro-postérieur maximum . . . . . . 169 millimètres.

— iniaque . . . . 165 —

— transverse maximum . . . . 141 —

Face courte, orthognate, fosses orbitaires obliques, pommettes très peu saillantes.

D'après ce qui vient d'être exposé, ces quatres crânes présentent tous une légère dépression plus ou moins reculée de la courbe fronto-occipitale. Une telle dépression n'existe pas sur la moitié d'un crâne d'homme que le Musée possède et qui provient également de l'Ombrive. Il est à courbe fronto-occipitale régulièrement convexe. (*Pl.* VI, *fig.* 1).

Maxillaires inférieurs. — A part une assez grande portion de cet os, encore adhérente au demi-crâne dont il vient d'être fait mention, tous les maxillaires que nous possédons ont été trouvés séparés de leurs crânes respectifs. Il en est de ces os comme des crânes; ils indiquent des sexes et des âges différents. Leur taille est donc fort variable, mais ils témoignent, sans exception, de la bonne conformation de cette partie de la face; chez tous, l'apophyse du menton est prononcée, celle du crâne (*Pl.* VI, *fig.* 1) présente de chaque côté une forte saillie; les apophyses *géni* sont variables, mais marquées.

Le maxillaire inférieur représenté *Pl.* VI, *fig.* 2 est remarquable par ses fortes dimensions; il s'articule assez bien avec le plus grand crâne (n° 2); il porte en place seize dents et accuse un homme de forte taille dans la force de l'âge.

Les caractères tirés de la dentition sont les suivants : usure peu marquée dans la période de l'adolescence, très inégale pour chaque ordre de dents, mais tendant, par l'effet de l'âge, à un rasement plus ou moins uniforme qui varie néanmoins d'individu à individu. C'est par exception que l'on rencontre des dents cariées.

Je ne dirai que quelques mots au sujet de deux portions de crâne de jeunes enfants ; ceux-ci sont plus arrondis même que le crâne d'adulte numéro 4.

Quant aux os des autres régions du squelette, nous ne leur connaissons d'autres particularités dignes d'attention que celles servant à distinguer ceux qui appartiennent à des sexes et à des âges différents. Sur un nombre considérable d'extrémités inférieures d'humérus que nous avons eu sous les yeux, une seule s'est montrée percée d'un trou rond au-dessus des poulies articulaires et répondant à la fosse olécranienne. Dans leur ensemble, les os des membres sont grêles et accusent des attaches musculaires peu prononcées.

Ossements d'animaux. — Des os, autres que des os humains, ont été rares dans la galerie supérieure de l'Ombrive. Je citerai en premier lieu des dents canines d'un chien (*Canis familiaris* Linné), intéressantes surtout par cette particularité que la plupart ont, ainsi que je l'ai déjà dit, la racine percée artificiellement de part en part d'un trou de suspension, ce qui permettait de les faire servir à divers usages comme objets de parure ou comme amulettes. (*Pl.* II, *fig.* 6, 7, 8 et 9.)

Ces dents sont remarquables par leurs dimensions suffisamment uniformes, indiquant que la taille des individus qui les ont fournies devait être à peu près celle de notre chien de berger, sans pouvoir en dire autre chose, en l'absence des autres os du squelette, et surtout de ceux de la tête.

Avec ces dents de chien de taille moyenne, j'ai rencontré, mais très rarement, des canines de renard (*Canis Vulpes* Linné) (*Pl.* II, *fig.* 11) ; l'une d'elles avait la racine traversée d'un trou de suspension, comme celles des véritables chiens [1]. (*Pl.* II, *fig.* 10.)

1. Des dents canines de chien, en tout semblables à celles qui nous occupent, ont été retirées de plusieurs dolmens du Midi ; bien mieux, elles ont été représentées en bronze, sans doute après avoir été moulées. Le Musée de Toulouse en possède des dolmens de l'Aveyron. J'y ai déposé une imitation également en bronze et de tout point semblable à celles-là, provenant du plateau de Vieille-Toulouse.

Une caverne, située dans le territoire d'Aspet (Haute-Garonne), m'a aussi fourni plusieurs dents de chien de même taille que celles de l'Ombrive. Cette conformité de forme et de taille présentées par ces dents me semble établir suffisamment que les hommes de l'Ombrive, comme ceux qui élevèrent les dolmens et qui fréquentèrent certaines cavernes de notre région, durant une même période, n'avaient encore qu'une seule race de chiens. C'est plus tard, ainsi qu'on l'a remarqué chez toutes les peuplades sauvages, que se montrèrent des races d'autant plus nombreuses et variées que ces populations s'élevaient en civilisation.

Les dragages des lacs de la Suisse, autour des pilotis des constructions lacustres, ont aussi fait connaître de pareilles dents.

A la suite de nos fouilles exécutées de 1862 à 1865, nous avions retiré du Cimetière dix-sept de ces dents de chien perforées et trois seulement sans perforation ; j'en ai eu encore deux avec trou de suspension en 1878[1].

L'une des dents perforées, trouvée en 1865, et restée engagée dans le tuf par une de ses faces, attira mon attention en ce qu'elle présentait autour de l'ouverture et en s'étendant sur la gangue, une tache colorée en vert par du vert de gris naturel (sous-carbonate de deutoxyde de cuivre), ce qui pouvait s'expliquer en admettant que la dent avait été traversée par un fil de cuivre.

Ce fait, tout peu important qu'il pût paraître, m'avait décidé à admettre que la population que nous révélaient les ossements humains que nous venons de signaler avait connu le cuivre, et l'avait utilisé. Bon nombre de bons esprits qui avaient étudié nos collections au Musée d'histoire naturelle de Toulouse avaient accepté cette déduction. Néanmoins, j'ai éprouvé une bien vive satisfaction lorsque, plus tard, j'ai eu à ma disposition des objets en bronze provenant du cimetière de l'Ombrive qui sont venus la confirmer.

Les herbivores ont été faiblement représentés dans ce gisement ; je n'y ai rencontré que des dents et des os de bœuf appartenant à la petite race (*Bos taurus brachyceros*), que j'ai déjà indiqué comme ayant laissé de nombreux débris à l'Amphithéâtre.

Ces restes de petit bœuf gisaient sur le sable gris, recouverts de tuf, et empâtés dans l'épaisseur même de la couche stalagmitique ; en un mot, ils ont été trouvés dans les mêmes conditions que les ossements humains retirés de l'espace tardivement exploré au-delà du vieux cimetière[2].

Dans une de mes fouilles en 1874, le tuf ossifère m'a fourni, mais à sa surface, à vingt mètres de l'entrée de la galerie, un *atlas* de bœuf de forte taille et une molaire de cerf commun.

Aucun de ces ossements n'a montré ni trace d'usure ni trace de travail humain. Ils s'étaient conservés intacts dans la gangue, et c'est parfois en les dégageant qu'ils ont été mutilés.

L'ambre jaune ou succin que j'ai eu du vieux cimetière, en 1862 et 1865, a consisté : 1° en six petites perles aplaties sur les deux faces et percées de part en part au centre (*Pl.* II, *fig.* 15 et 16) ; 2° en fragments de perles semblables à celles-ci, l'une

---

1. Tous ceux qui ont fouillé le Cimetière en ont retiré de semblables, de telle sorte que l'on peut dire que leur nombre en a été assez considérable.

2. De même que pour le chien, l'homme de l'Ombrive n'aurait encore possédé qu'une seule race de bœuf, souche peut-être de certains de nos bœufs pyrénéens.

d'elles, plus grande, ayant dû être taillée dans la forme d'un petit peson, avec les deux faces bombées ; 3° enfin, en une belle perle, en forme de barillet, longue de vingt-sept millimètres et percée dans toute sa longueur [1] (*Pl.* II, *fig.* 14.)

Les têts de poterie ont été communs dans cette même couche ossifère et rentrent tous dans des types faits à la main déjà cités. Leur cuisson est le plus souvent incomplète. Il en est d'un gris ardoisé, parmi lesquels on en distingue deux offrant d'assez grandes dimensions et des particularités intéressantes. L'un porte une anse qui témoioigne de certaines intentions où l'art ne semble pas étranger, ce qui est une exception (*Pl.* III, *fig.* 2) ; l'anse élargie se trouve ornée de cannelures qui vont en s'épanouissant sous forme de palmette, avec une suffisante correction, jusqu'à son raccordement avec la panse du vase. Ce morceau était fixé dans le tuf à quatre-vingts mètres de l'entrée de la galerie, à gauche, à l'endroit où venait finir une nappe de sable passant sous le dépôt calcaire. Tout autour gisaient de nombreux restes humains. Un second tesson, haut de douze centimètres et large, dans le haut, de treize à quatorze centimètres, de même couleur que le précédent et visiblement lissé à la main, tant en dehors qu'en dedans, nous semble avoir fait partie d'un assez grand vase de forme originale. Très évasé à son entrée, il devait aller en se rétrécissant vers le fond, qui portait une suite de tubercules grossiers, formant comme autant de pieds servant à le fixer debout. Le bord était droit et ornementé tout autour par de petites incisions longitudinales et, au dessous de celles-ci, par de rares saillies plates en forme de bouton.

Jusqu'aux fouilles du mois d'août 1874, je n'avais eu, ainsi qu'il a été dit, d'autre indication de la présence du cuivre dans le gisement du Cimetière que la tache verte développée autour du trou de suspension d'une dent canine de chien, tache s'étendant sur le tuf qui la fixait. Mais cette fois j'acquis la preuve directe que des objets façonnés en bronze accompagnaient les ossements humains.

Le premier objet mis au jour fut une extrémité de dard ou de flèche à deux ailerons, dont la pointe, incomplète, est obliquement et inégalement tronquée. La douille porte sur deux de ses côtés un petit trou qui ne peut être accidentel. L'objet, tel qu'il est, a une longueur de trente-cinq millimètres (*Pl.* II, *fig.* 12.)

Il est important d'ajouter que cette pointe de dard reposait sur l'extrémité inférieure d'un humérus humain, et que la place qu'elle y occupait se montre colorée en vert, comme le pourtour du trou de suspension de la dent de chien citée plus haut.

---

1. Des fouilles, postérieurement exécutées, ne m'ont fourni que des fragments de petites perles d'ambre à cassure récente, mêlées aux débris de la couche stalagmitique explorée.

Le second engin en bronze est un hameçon à quatre faces inégales entre elles, avec la pointe déviée d'un côté, celle-ci manquant de crochet. L'hameçon a soixante millimètres de long (*Pl.* II, *fig.* 13).

VIII

Tels sont les faits d'observation directe que nous avons enregistrés avec un soin minutieux à la suite de chacune de nos visites et de nos fouilles dans les divers compartiments de la caverne dont nous achevons l'étude en ce moment. Les déductions à en tirer se rapportent : 1° au mode de remplissage de cette vaste excavation ; 2° aux objets qu'elle a fournis, ceux-ci considérés au triple point de vue humain, zoologique et archéologique.

Pour se rendre compte des phénomènes qui ont amené les dépôts de sable, de cailloux et de blocs erratiques dans les galeries de l'Ombrive, il faut admettre que plusieurs conduits souterrains, assez spacieux pour avoir livré passage à ces matériaux de remplissage, ont fait autrefois communiquer l'intérieur de la caverne avec le plateau d'Albiech, qui la surmonte.

Ce plateau, livré à la culture, se développe entre deux bandes de calcaire faisant ressaut, l'une au nord, l'autre au midi, et dont les couches, après de nombreuses inflexions, passent sous des schistes noirâtres et terreux n'ayant relativement qu'une faible épaisseur[1]. On arrive à Albiech par deux rampes rapides, l'une à l'est, touchant au village de Gouan, l'autre à l'ouest, à l'entrée du village de Niaux.

On se trouve donc ici en présence de l'une de ces dispositions fréquentes dans les Pyrénées, où des schistes se montrent superposés à des calcaires plus anciens qu'eux, puisqu'ils les supportent. La dépression qui constitue aujourd'hui le plateau d'Albiech s'est principalement opérée aux dépens des schistes, qui, offrant une moindre résistance que le calcaire, ont cédé à l'action des météores et surtout à celle des eaux, ce qui a occasionné leur érosion et l'entraînement au loin des matériaux désagrégés qui les composaient.

De tels phénomènes se continuent sous nos yeux ; le plateau d'Albiech, dans toute

---

1. Les bancs dont il s'agit appartiennent aux assises supérieures du massif calcaire néocomien, dans lequel est creusée la caverne qui nous occupe. Les schistes qui leur sont supérieurs sont également néocomiens et congénères de ceux que l'on voit sur le côté droit de la vallée de l'Ariège, à Ornolac, caractérisés par l'*Ammonites neocomiensis* d'ORBIGNY.

sa partie schisteuse, est recouvert d'un sol arable essentiellement formé par un sable gris-ardoisé et micacé à très petits grains. Le sable est en tout semblable à celui que divers compartiments de l'Ombrive nous ont fait connaître.

Ajoutons — et ceci est d'une haute importance — que le plateau cultivé d'Albiech, ainsi que les deux bandes calcaires qui le limitent, en se relevant au nord et au sud, ont retenu de nombreux blocs granitiques d'un volume souvent considérable. Au sud, on en suit la dispersion bien au-delà de la zone délimitée par le calcaire sous-jacent au schiste[1].

Ainsi, ce plateau fournit exactement encore en ce moment des matériaux de remplissage, blocs erratiques, cailloux et sables, en tout semblables à ceux qui furent introduits autrefois et délaissés dans les divers compartiments de l'Ombrive.

Quant à comprendre comment ces dépôts arrivèrent dans le souterrain, il n'est besoin que de se représenter plusieurs voies établissant des communications directes avec le plateau d'Albiech et les galeries de la caverne. Les nappes de sable dont nous avons constaté l'existence dans les différents compartiments remontent parfois très haut dans certaines excavations, le long des parois des galeries, et semblent désigner quelques-unes de ces mêmes voies, sans que nous connaissions pourtant leur terminaison à l'extérieur[2].

C'est aussi par plusieurs des prolongements ou boyaux déjà cités, creusés dans le massif calcaire que doivent être parvenus, de l'extérieur à l'intérieur, les cailloux et les blocs erratiques, indiquant, par l'inclinaison qu'ils affectent et la gradation de leur volume, la direction que prirent, dans la galerie, les courants plus ou moins puissants qui les déposèrent.

Ces courants eurent des directions diverses, et certains blocs erratiques, malgré

---

1. Le granit et les roches granitoïdes manquent autour d'Ussat. Il résulte de ce fait que les blocs erratiques ont été charriés de loin jusqu'aux lieux où nous les observons. Le déplacement de ceux-ci s'explique par la théorie qui attribue leur transport à d'anciens et puissants glaciers. On admet que, du haut d'une montagne, le glacier s'étendait jusqu'au sommet moins élevé d'une seconde montagne, que les débris du faîte granitique tombaient à la surface du glacier, et que le mouvement de progression de celui-ci les transportait ainsi au loin.

Lorsque le glacier eut cessé d'exister, les blocs charriés par lui furent délaissés sur divers points de son trajet. Depuis ces temps, qui ne peuvent être que très reculés, ils ont subi des déplacements, mais relativement limités, dus à l'action des agents atmosphériques, des eaux surtout, qui ont ainsi modifié l'orographie de nos montagnes.

2. Très souvent, et c'est le cas pour la caverne que nous étudions, un revêtement calcaire du plafond et des murailles empêche de découvrir les ouvertures qui ont fait communiquer l'intérieur des souterrains avec l'extérieur et même les divers compartiments qu'ils présentent.

leur volume souvent considérable, purent être promenés dans diverses galeries, et même rejetés au dehors du souterrain.

Plus tard, en pénétrant dans l'intérieur de la caverne, les eaux sauvages venant de l'extérieur entraînèrent en partie les dépôts qu'antérieurement d'autres eaux y avaient laissés, et mirent les diverses galeries en l'état où, sous ce rapport, nous les trouvons en ce moment; mais, pour qu'un semblable résultat se maintînt, il fallait que le calme s'établît là où les eaux engouffrées, arrivant du haut de la montagne, avaient auparavant exercé leur puissante et tumultueuse action[1].

En effet, dès que les eaux venues de l'extérieur n'eurent plus accès dans la caverne, les eaux d'infiltration, arrivant à travers l'épaisseur de ces voûtes, continuèrent leur rôle lent, peu actif, mais continu; riches en acide carbonique, ces eaux se chargèrent de calcaire et le déposèrent sous forme de tuf, de stalagmites ou de stalactites, en produisant les accidents que nous avons signalés.

Actuellement, durant les périodes pluvieuses et pendant la fonte des neiges, on voit couler les eaux d'infiltration en gouttières nombreuses; de là, la production à la surface du sol de flaques et aussi de ruisselets, ceux-ci serpentant çà et là et devenant parfois incommodes aux visiteurs. De tels courants, quelque insignifiante que paraisse leur puissance d'action, suffisent à expliquer les déplacements limités que certains objets, primitivement déposés sur le sable (ossements, poteries, perles d'ambre, bronzes), ont dû subir, ainsi que nous avons eu occasion de le constater.

IX

C'est après que la période de calme se fut établie que la galerie supérieure put être fréquentée par l'homme, et qu'elle devint un lieu de sépulture. Il ne peut s'élever aucun doute à l'égard de cette conclusion : les os humains reposent habituellement sur l'assise sableuse ou argileuse, et y sont recouverts d'un manteau stalagmitique; ils y

---

1. Si quelqu'un doutait de la possibilité de tels phénomènes, nous les renverrions à l'observation de ce qui se passe actuellement dans la vallée même de l'Ariége, à une très petite distance de l'Ombrive et sur la rive droite de la rivière : les eaux pluviales et les neiges fondues tombées sur la montagne de Lugeac aboutissent dans la caverne d'Ornolac, autrement dite de *Fontanet*, et en sortent torrentielles par un large boyau dont on aperçoit la bouche à gauche de la grande et belle ouverture de ce souterrain, tandis que, dans les temps ordinaires, ce conduit est complètement à sec, et qu'il peut servir à pénétrer dans les profondeurs de la caverne, où de puissants dépôts de sable se trouvent accumulés.

furent déposés intentionnellement et non transportés par des eaux torrentielles, comme l'avaient été les matériaux de remplissage que nous venons de faire connaître, et c'est ainsi que ce splendide compartiment, impropre à servir de lieu permanent d'habitation, devint une somptueuse crypte funéraire.

Quels furent les rites que l'on suivit en y accomplissant de si nombreuses funérailles ? Voici ce que l'on est, je crois, en droit de présumer : les cadavres durent être déposés à la surface du sol, tel que l'avaient laissé les dernières eaux qui, arrivant du dehors, avaient parcouru ces sombres solitudes. L'absence de dalles ou de pierres brutes intentionnellement disposées dans la partie de la galerie ayant servi de cimetière permet de supposer que rien ne délimitait la place attribuée à chaque corps. Les divers objets que nous rencontrons autour de tant d'ossements humains restés intacts, dents de chien et de renard percées, débris de parures sans doute, perles d'ambre difficilement acquises, joyaux ayant appartenu aux plus riches ou aux mieux aimés, armes de guerre ou de chasse, engins de pêche, tessons de poterie, nous font penser qu'on parait les morts avant de les livrer au tombeau, et qu'on les entourait d'objets ayant servi à leur usage ou employés dans des rites funéraires, sans qu'aucune date puisse être assignée à l'époque où l'on pleurait autour de ces êtres dont la stalagmite a si longtemps protégé les restes.

Néanmoins, nous savons que ceux qui pratiquèrent ces rites inconnus possédaient le bronze, qu'ils savaient accommoder à leurs besoins, et qu'ils employaient à se parer l'ambre jaune, apporté de loin [1].

Les poteries retirées du Cimetière présentent des types indiquant nettement que la céramique n'en était pas à ses premiers essais.

Mais les rares objets provenant de l'industrie humaine que le Cimetière a livrés à nos investigations ne sont, pensons-nous, que les représentants très incomplets de ceux que la piété des proches ou des amis y avait déposés.

On comprend donc aisément que la peuplade qui ensevelissait ainsi ses morts était déjà parvenue à un degré suffisamment avancé de civilisation. Les objets qui accompagnent ces restes humains se trouvent similaires de certains que l'on a retirés des dolmens, de ces galeries artificielles établies à l'aide de dalles brutes en pierre, dont la destination fut longtemps méconnue, mais que l'on s'accorde à regarder enfin comme des tombeaux. La présence au cimetière de l'Ombrive du succin travaillé, des

---

1. Le succin, résine fossile, comme on le sait, se trouve principalement sur le rivage méridional de la mer Baltique.

dents de chien percées à leur racine d'un trou de suspension, la pointe de dard, l'hameçon en bronze et le galbe de quelques poteries autorisent de reconnaître un lien de proche parenté entre ces deux modes de sépulture. Pourquoi, dans une contrée où les souterrains naturels abondaient, n'aurait-on pas profité de cette heureuse disposition qui permettait de se dispenser d'élever des monuments que les cavernes remplaçaient si bien, et dont elles semblent avoir donné la première idée?

Dans tous les cas, l'homme dont l'Ombrive nous a conservé les restes ne pourrait être assimilé à l'homme ayant appartenu aux premiers temps de l'humanité, réduit à l'usage de quelques cailloux éclatés, tel, en un mot, que l'école scientifique se plaît à le comprendre de nos jours.

Ici se présente à l'esprit l'intéressante question de savoir s'il faut assimiler en toute chose, et les rapporter à un seul et même âge, les sépultures de la galerie supérieure de l'Ombrive et celles que caractérisent les ossements humains et l'outillage découverts près des entrées de la caverne.

Nous pensons ne pouvoir mieux éclairer cette question qu'en exposant les ressemblances et les différences que ces stations présentent. Nous savons que les débris humains et les divers objets, produits de l'industrie humaine, trouvés près des entrées, ont été rencontrés gisant tantôt à la surface du sol ou peu profondément, tantôt à travers les débris calcaires constituant les talus d'éboulement près de ces ouvertures. Là tout était en désordre, et l'on ne peut rien conjecturer de l'état de ces lieux au moment où les cadavres, si incomplétement représentés aujourd'hui par quelques restes osseux, y furent déposés.

Ce que nous connaissons des entrées de l'Ombrive se répète, trait pour trait, aux entrées de toutes les cavernes des Pyrénées que nous avons été à même d'étudier[1].

C'est au milieu des débris de roches mobiles, rarement fixés par la stalagmite, que les ossements humains, la plupart des objets travaillés et les os de divers animaux ont été trouvés. Cependant, le fait même de la présence continuelle des restes solides de notre espèce au voisinage de ces entrées témoigne suffisamment que là aussi des sépultures existèrent.

Mais, tandis que les sépultures de la galerie supérieure, défendues par le ressaut

---

1. Telles sont celles de l'Herm (voir, pour cette station, mon *Étude sur la Caverne de l'Herm particulièrement au point de vue des restes humains qui en ont été retirés*, 1874), du Portel, des Églises, à Ussat, d'Ornolac ou de Fontanet, de Sabar, de Niaux, de Bédeilhac (Ariége), de la *Spugo* et du *Spugoun-de-Barget*, à Aspet (Haute-Garonne). Le Musée de Toulouse possède tous les objets que j'ai retiré de ces cavernes.

du *Pas-des-Échelles* et par le barrage facile du *Défilé*, pouvaient ne consister qu'en un simple dépôt des morts, laissés étendus à la surface du sol, il ne pouvait pas en être ainsi des sépultures établies près des entrées de la caverne. Là, les cadavres humains durent être placés à l'abri de toute atteinte des animaux carnassiers de la contrée. Nous n'avons que de rares et fort incomplètes indications des mesures prises pour atteindre ce but[1].

Quels qu'aient été ces soins, l'état actuel des lieux nous fait comprendre que ces sépultures furent plus tard abandonnées et livrées, sans protection, à des populations successives n'ayant plus aucun motif de les respecter. Dès lors, ceux qui fréquentèrent ces asiles purent s'attribuer sans scrupule les objets votifs qu'ils y rencontraient et qu'ils pouvaient utiliser. Tels furent surtout les ustensiles en bronze, restés précieux jusqu'à nos jours, ne fût-ce qu'à cause de la valeur intrinsèque du métal[2].

Ces objets, quelque peu nombreux qu'ils se soient offerts à nos recherches, présentent néanmoins un très grand intérêt; c'est en les interprétant avec discrétion que nous pouvons espérer d'arriver à déterminer l'âge relatif des restes humains qui les accompagnent, soit aux entrées de l'Ombrive, soit dans l'aire occupée par le Cimetière à l'étage supérieur. Pour atteindre ce résultat, nous n'avons eu qu'à comparer les stations de l'Ombrive à d'autres stations humaines, dont l'âge, toujours relatif, a pu être convenablement établi et généralement admis par les archéologues. Nous avons donc choisi celles que l'on connaît sous le nom de : *Constructions lacustres,* telles que les lacs de la Suisse surtout les ont révélées dans ces derniers temps[3].

Dans ces nombreuses stations, étudiées avec un très grand soin, on a pu constater sous les eaux, à des profondeurs variables et plus ou moins éloignées du rivage, des espaces que circonscrivent des pieux en bois, tantôt fixés à l'aide de débris de roches solides, constituent des amas sous forme de monticules, tantôt par des pieux implantés dans la vase ou le sable du fond des lacs.

1. La grotte funéraire de Sinsat ou de Camouzeille, non loin d'Ussat, que j'ai fait connaître dans les *Mém. de l'Académie des sciences de Toulouse,* 1866, était murée. On peut supposer que les grandes entrées de l'Ombrive, comme celle de l'Herm, etc., furent aussi murées jusqu'à une élévation que ne pouvaient franchir les animaux que l'on avait à redouter. Certaines de ces entrées, entre autres celle de Fontanet, présentent des restes de murs secs, régnant encore sur toute leur longueur.

2. Voir ce que nous avons écrit à ce sujet dans notre *Étude sur la caverne de l'Herm.*

3. Frédéric Keller les a désignés sous le nom de *Pfahlbauten* (ce qui veut dire *constructions sur des pieux*); on les a successivement appelées *Habitations lacustres, Palafittes* (de l'italien *Palafitta*), et *Constructions lacustres,* dernière dénomination qui ne fait rien préjuger de la destination de ces établissements.

Les premiers de ces pilotis, — ceux fixés à l'aide de matériaux étrangers au fond des eaux, — et, conséquemment, entassés par l'homme, ont été attribués à cet âge, désigné sous la dénomination d'*Age néolithique* ou de la *Pierre polie*. Les seconds ont été rapportés à l'*Age du bronze,* qui avait succédé à l'*Age de la pierre polie*[1].

Des caractères tirés : 1° des dimensions des pieux, de leur disposition, de leur mode de fixation et de leur rapport avec les bords des lacs ; 2° des objets produits de l'industrie humaine, retirés des espaces délimités par les différents pilotis, ont permis de distinguer sûrement les stations qui reviennent à l'une ou à l'autre de ces catégories, ou, si l'on veut, de ces deux âges.

C'est ainsi qu'en ne tenant compte que des plus saillants de ces caractères distinctifs, nous nous contenterons de rappeler que les pieux des pilotis de l'âge de la pierre polie furent fixés à l'aide de monticules artificiels, sorte de buttages formés par des entassements de pierres prises sur le rivage ; que les ossements d'animaux ont été plus abondants dans ces stations que dans celles de l'âge du bronze ; que les ustensiles qu'elles ont fournis sont en os (poinçons, ciseaux, épingles) et en pierre (haches ou celts, pointes de flèches, ciseaux), et que les poteries, montées à la main, sont en pâte plus ou moins grossière.

Les pieux qui ont servi à établir les pilotis de l'âge de bronze sont plus grêles et implantés, comme il a été dit, dans la vase ou dans le sable. Les pilotis, eux-mêmes, se trouvent plus éloignés du rivage.

Les ustensiles : haches, couteaux, faucilles, ciseaux, poignards, pointes de lance, hameçons et les objets de parure : bracelets, épingles de tête, anneaux sont en bronze, et les poteries qui les accompagnent, quoique également montées sans l'aide du tour, se distinguent de celles de l'âge de la pierre polie par une plus grande variété de formes et d'ornementation.

Si maintenant nous venons à comparer les objets portant des preuves du travail de l'homme qui ont été retirés de l'Ombrive à ceux fournis par les pilotis des lacs de la Suisse, nous ne pourrons nous empêcher d'assimiler ceux des entrées de la caverne aux ustensiles en pierre et en os que les archéologues rapportent à l'âge de la pierre

---

1. L'archéologie préhistorique donne pour antécédent à ces deux périodes : l'*Age de la pierre éclatée* ou *Age paléolithique*, pendant lequel l'homme n'aurait employé que des fragments de roche dure, intentionnellement façonnés par éclats.

Voir principalement Troyon, *Habitations lacustres des temps anciens et modernes.* Lausanne, 1860 ; E. Desor, *les Palafittes, ou constructions lacustres du lac de Neuchâtel.* Paris, 1865.

polie, et ceux qui ont été retirés du cimetière, aux objets qui leur ont servi à caractériser l'âge du bronze dans les stations lacustres.

Mais que les constructions élevées sur pilotis dans les lacs de la Suisse aient servi d'habitations ou seulement de magasins d'approvisionnement, comme on l'a écrit, tandis que nos cavernes des Pyrénées auraient été des sépultures, ainsi que nous le soutenons, il n'est pas surprenant que les mêmes objets se rencontrent dans les unes et dans les autres de ces stations. Que déposait-on auprès des morts que l'on voulait honorer, si ce n'est les objets qu'ils avaient aimés et utilisés pendant leur vie? Ajoutons que les vallées de la haute Ariège ont fourni et fournissent journellement, hors des cavernes, des objets en bronze que l'on trouve également en Suisse, dans des tombes, non loin des lacs qui possèdent des constructions sur pilotis, tels que haches, pointes de flèches et de lances, hameçons, couteaux, épingles à cheveux, etc. Là aussi on a pu attribuer à ces sépultures, d'après leur mobilier funéraire, l'un des âges qu'ont si bien caractérisés les stations lacustres[1].

Nous avons néanmoins à faire ici une réserve, que nous appuierons bientôt des preuves tirées du mobilier funéraire de la Petite Ombrive, mobilier qui revient aux deux âges et qui caractérise le passage de l'un à l'autre, ainsi qu'on peut l'inférer des objets similaires fournis par nombre de dolmens et de grottes[2].

Enfin, la faune qu'ont révélée les stations de l'Ombrive ne diffèrent pas, quant aux conclusions à en tirer, de celle que les stations lacustres de la Suisse ont fait connaître : l'une et l'autre ne comprennent que des animaux appartenant exclusivement aux temps actuels. Ce sont : l'Ours, le Renard, le Chien, le Castor, le Porc, le Cerf commun, le Bœuf ordinaire, un Bœuf de petite taille, la Brebis et la Chèvre[3]. Certains peuvent être considérés comme les ancêtres directs de nos races domestiques.

Telles sont les conclusions qui s'imposent à l'esprit, quant aux âges à attribuer,

1. Voir Desor, loc. cit.

2. Voici ce que nous avons dit de cette période de transition dans notre étude : l'Age de la pierre polie et du bronze au Cambodge, d'après les découvertes de M. J. Moura (1879) : « Il faut tempérer tout ce que peut avoir de trop absolu la classification des âges préhistoriques que nous suivons, en admettant, avec d'excellents esprits, que le progrès se produisit lentement, graduellement, à l'aide des périodes de transition ; que l'on se servit longtemps encore de la pierre dans la confection des armes, des outils, voire même des parures, après que l'on eut employé à la confection des armes, des outils et des bijoux le cuivre et le bronze et qu'il en fut de même lorsque l'on passa de l'emploi du bronze à l'emploi du fer. » (P. 28.) — Voir notre Mémoire sur un mobilier funéraire servant à établir le passage de la pierre polie à l'âge de bronze. (Mém. de l'Acad. des sciences de Toulouse, 1884.)

3. Voir Desor, loc. cit., pp. 14 et 15.

d'après les idées qui ont cours aujourd'hui, aux stations humaines ayant servi de sépultures, soit près des entrées, soit dans les profondeurs de l'Ombrive.

On ne peut dès lors s'empêcher d'admettre que, durant une période de temps que l'histoire ne nous fait point connaître, des rapports marqués d'une même civilisation existèrent entre les familles humaines établies, les unes au pied des Alpes, et les autres dans les vallées des Pyrénées[1].

Or, l'une de ces familles, celle qui touchant aux Alpes élevait des constructions au-dessus des lacs, était déjà en possession de la plupart des plantes cultivées qui servent de nos jours encore à l'alimentation et aux premiers besoins de l'homme, telles que le froment, l'orge, l'avoine, les pois, les lentilles, un lin, etc. Cette population avait, dans le but d'utiliser quelques-uns de ces grains, des disques en pierre propres à les broyer en les triturant, probablement à la main, à l'aide de pilons également en pierre.

Pourquoi nous refuserions-nous à accorder les mêmes mœurs et les mêmes usages de la vie domestique à cette autre population établie dans les vallées pyrénéennes, aux âges de la pierre polie et du bronze, population dès lors sédentaire, pastorale et adonnée aux pratiques agricoles, dont les conditions climatériques de la région qu'elle occupait pouvaient modifier jusqu'à un certain point les habitudes, sans néanmoins altérer profondément les traits essentiels d'une civilisation commune?

1. Pour les objets en bronze rencontrés dans les Pyrénées de l'Ariége, qui ont échappé au creuset du fondeur, et dont la conservation dans les collections publiques ou privées remonte à peine à quelques années, je citerai des haches de divers types en assez grand nombre, une lame de couteau dorée à l'aide du martelage (Musée de Narbonne), un fragment de lame d'épée, des pointes de flèches et de lances, des épingles de tête.

PETITE OMBRIVE

Voici une grotte bien connue, quoique rarement visitée, que j'ai fouillée le premier en 1865. Elle n'avait pas de nom; aussi ai-je cru devoir la désigner sous celui de *Petite Ombrive,* à cause de son très proche voisinage et de ses affinités avec l'Ombrive proprement dite, dont elle fut très probablement un des compartiments autrefois [1].

Elle est située à la même hauteur, au-dessus de la vallée de l'Ariége, que la grande caverne, ouverte entre les deux entrées de celle-ci, et, comme elle, en regard du Nord-Est.

Pour y parvenir, on peut gravir directement le pied de la montagne; mais l'absence de tout sentier à travers les quartiers de roches éboulées rend cette ascension très pénible; mieux vaut profiter de la galerie couverte qui règne, à droite de la grande entrée de l'Ombrive, et qui vient aboutir à une très petite distance de celle de la grotte qui va nous occuper. De là, on suit une étroite corniche jusqu'à la saillie d'un rocher qu'il faut franchir avant d'atteindre le but.

L'entrée de l'excavation est occupée jusqu'auprès de la voûte par de gros quartiers de calcaire, laissant à gauche un passage conduisant à l'intérieur par une pente raide d'une vingtaine de mètres. On arrive ainsi dans une salle dont le plancher, en pente, vient aboutir, du même côté, à une *Fosse* profonde ayant la forme d'un puits circulaire.

---

[1]. Étant sur les lieux, on comprend aisément que le passage couvert qui, d'un côté, touche à l'entrée principale de l'Ombrive, et, de l'autre, à celle de la petite caverne, a relié autrefois toutes ces cavités entre elles, et que ce n'est qu'à la suite des éboulements produits le long de l'escarpement dans lequel elles s'ouvrent qu'elles se trouvent actuellement séparées.

A droite, le sol se relève, et, en contournant un pilier massif de stalagmite, on gagne, par une pente assez rapide, le fond de la salle, qui n'offre aucune issue apparente.

On a donc là une grotte à voûte d'abord très surbaissée, à cause des éboulis qui encombrent l'entrée, mais s'élevant peu à peu, surtout vers sa terminaison. Le sol, formant talus à la suite de l'entrée, est embarrassé par de nombreux débris de calcaire, dont les intervalles sont tantôt garnis de terre, tantôt occupés par du tuf stalagmitique.

Les fouilles que nous y avons pratiquées à plusieurs reprises nous ont fourni un assez grand nombre d'ossements d'animaux et de débris de poteries; mais la *Fosse* et une fissure qui en dépend nous en ont livré une plus grande quantité, ce qui est aisé à comprendre en tenant compte de l'inclinaison prononcée du sol vers ce point, et de l'action des eaux d'infiltration tombant de la voûte, et parfois assez abondantes, venant y aboutir.

La *Fosse* a une profondeur de deux mètres cinquante centimètres; ses diamètres, qui ne diffèrent pas sensiblement entre eux, ont environ trois mètres; des débris de calcaire d'un petit volume en occupaient le fond, et c'est mêlé à ces débris que se trouvaient les ossements et les tessons de poteries.

Parmi les ossements, les plus nombreux appartenaient à l'homme; un petit nombre ont caractérisé des individus adultes; d'autres reviennent à des adolescents ou à des enfants variant d'âge. A part un maxillaire inférieur, qui n'a pourtant conservé que deux molaires, et un humérus, tous les os humains ont subi de profondes avaries.

Nous avons eu des os de la face : 1° Un maxillaire supérieur, auquel l'os malaire est attaché. Il portait sept dents, mais il n'offre plus en place qu'une incisive et les trois dernières molaires; il appartenait à un jeune adolescent. 2° Un maxillaire supérieur d'enfant, auquel se trouve aussi attachée une portion de l'os malaire. Il n'a conservé que les trois premières molaires, la première très usée obliquement de dehors en dedans. 3° Un fragment du bord dentaire, muni des deuxièmes et troisièmes molaires, celles-ci uniformément rasées et usées en biseau de dehors en dedans.

Les os provenant de maxillaires inférieurs ont été plus nombreux. Je signalerai les plus intéressants : 1° Un maxillaire complet, moins les dents, dont il ne reste plus en place que la deuxième fausse molaire de chaque côté; il avait porté quatorze dents. 2° Un côté gauche de maxillaire d'enfant ayant eu six dents; l'avant-dernière molaire était prête à sortir. Il ne reste en place que les deux premières fausses molaires. 3° Trois portions d'arcades dentaires, avec la partie correspondante du corps de la mâchoire; l'une, d'un très jeune enfant, à laquelle manquent toutes les dents; une seconde, également d'enfant, n'ayant conservé que la canine et les deux premières fausses molaires.

4e Enfin, une portion de maxillaire d'adolescent du côté droit, portant une incisive et les troisième et quatrième molaires [1].

Nous n'avons rencontré que peu d'objets travaillés de main d'homme dans cette caverne ; ils ont consisté en un fragment de hache en pierre polie et en deux poinçons en os de petits ruminants.

Les fouilles de M. Pagès ont produit : deux fragments de haches en pierre polies, trois poinçons et un petit polissoir en os, ainsi que trois perles de collier ou pesons de fuseau ; l'un, en calcaire blanc (*Pl.* II, *fig.* 5) ; le deuxième en schiste et le troisième en terre cuite (*Pl.* II, *fig.* 4).

Des tessons de poterie, montés à la main et en pâtes plus ou moins grossières, ont été rencontrés mêlés à de rares débris de céramique gallo-romaine. Parmi les premiers, il faut distinguer deux fragments de poterie rouge-pâle portant des impressions intentionnelles produites par l'extrémité d'un doigt de petite dimension, probablement de femme, disposées symétriquement à la surface extérieure du vase ainsi ornementé [2]. Sur un autre fragment, des empreintes, également disposées comme ornementation, ont été pratiquées à l'aide de l'ongle.

Le bronze retiré de la Petite Ombrive est représenté par des objets dont la forme est aujourd'hui bien connue. Ils comprennent une très grande épingle à cheveux, dont une portion de la tête fait défaut (*Pl.* III, *fig.* 3) ; ce qui reste mesure une longueur de vingt-trois centimètres. Elle est conforme à certaines grandes épingles à tête sphérique des lacs de la Suisse.

Le long de la muraille, à gauche en entrant et un peu au-delà de la terminaison du talus, je rencontrai dans la terre, parmi les fragments anguleux de calcaire qui recouvrent le sol, deux pièces de bronze disposées en lames minces et plates, dont l'une, un peu mieux conservée, rappelle certaines pointes de lance trouvées dans les dolmens. Les bords et les extrémités sont malheureusement érodés ; c'est celle qui est figurée *Pl.* III, *fig.* 1.

M. Henri Pagès a donné au Musée de Toulouse une hache en bronze qu'il avait retirée lui-même du gisement précité ; elle est dans le type des *Haches à talon* décrites

---

1. Le Musée d'histoire naturelle de la ville de Toulouse a acquis, en 1878, de M. Henri Pagès, le produit des fouilles pratiquées par lui, sur mes indications, dans la Petite Ombrive. Les ossements humains découverts par M. Pagès ont consisté en une portion de voûte de crâne, en un maxillaire inférieur incomplet et un corps de vertèbre.

2. De nos jours, des peuplades, attardées en civilisation, mais qui néanmoins ont des vases de terre, en confient exclusivement la fabrication aux femmes.

par M. E. Chantre, et convient de tout point à celle qu'il a fait représenter dans son ouvrage : *Industrie de l'âge du bronze* (1re partie, p. 51, *fig.* 32). Elle a seize centimètres de long sur cinq de large au taillant. Sa surface a été assez profondément altérée (*Pl.* III, *fig.* 4).

Ainsi, cette crypte mortuaire, toute réduite qu'elle se présente, nous a révélé un mobilier funéraire composé d'objets caractérisant l'âge de la pierre polie : *Haches* ou *Celts en pierre* et *Poinçons en os* et aussi des objets en bronze similaires à des types attribués à l'âge du bronze même avancé : *Hache, Épingle de tête, Pointes de lance.*

EXPLICATION DES PLANCHES

PLANCHE I

Figures de grandeur naturelle.

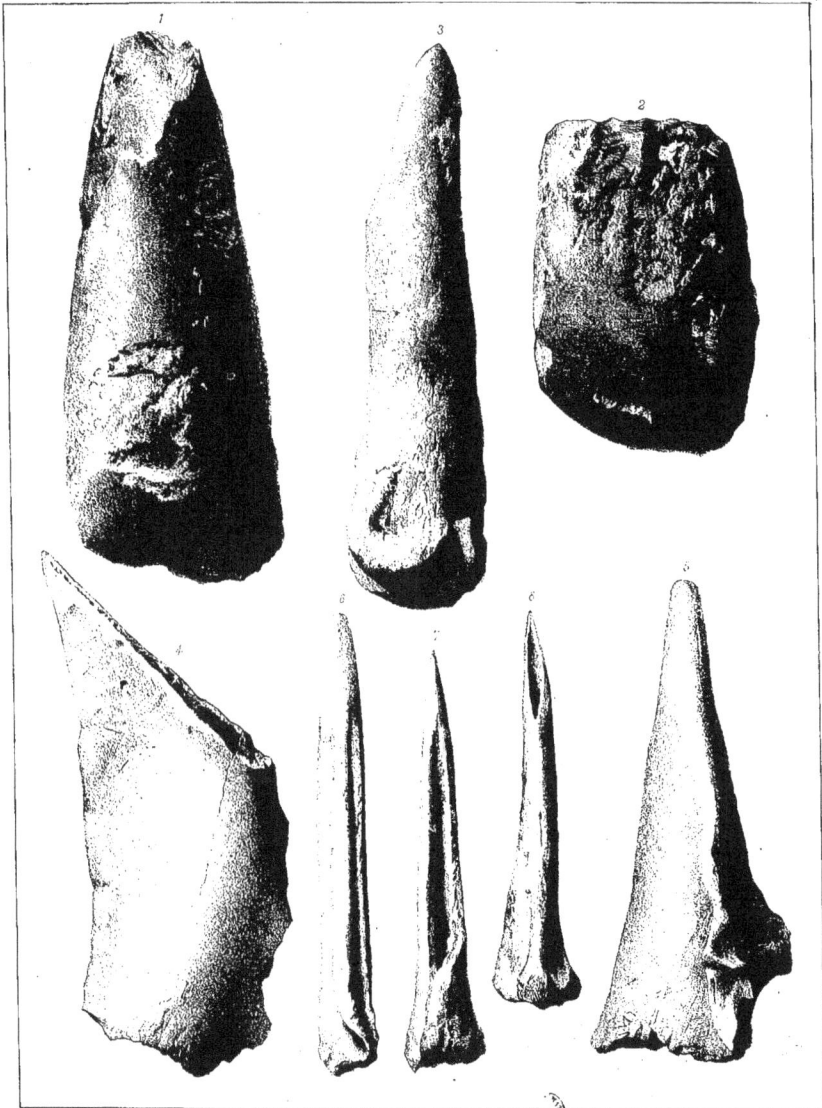

PLANCHE II

Figures de grandeur naturelle.

———

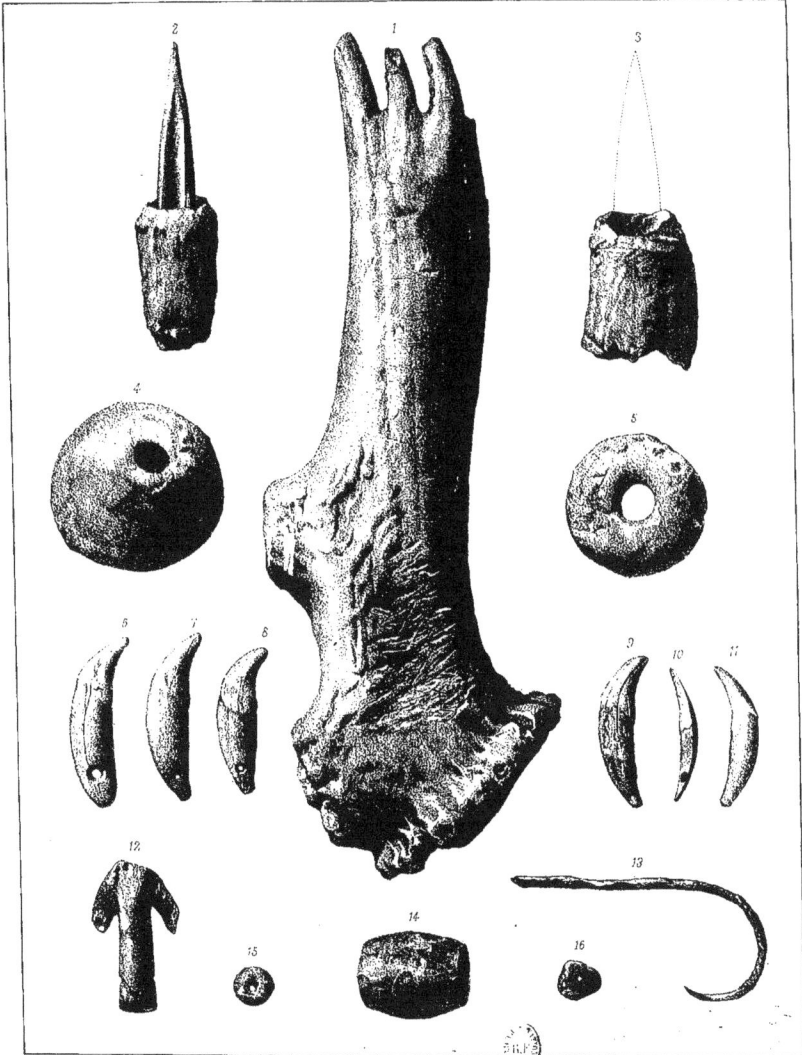

PLANCHE III

Les Figures 1, 3, 4 et 5 de grandeur naturelle.

La Figure 2 réduite aux deux tiers.

PLANCHE IV

Figures demi-grandeur naturelle.

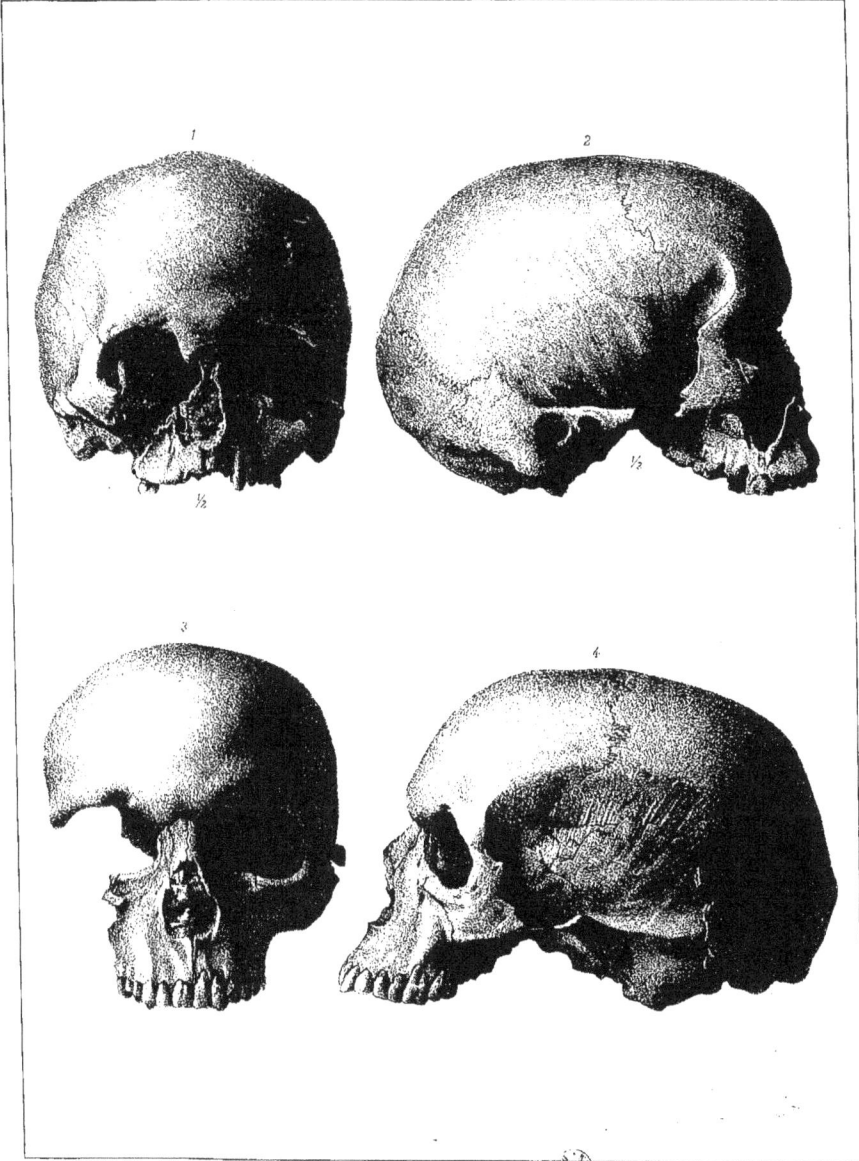

PLANCHE V

Figures demi-grandeur naturelle.

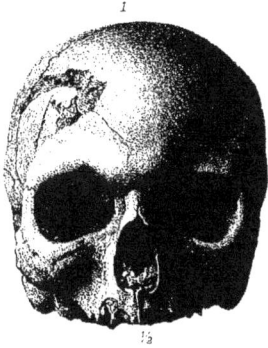

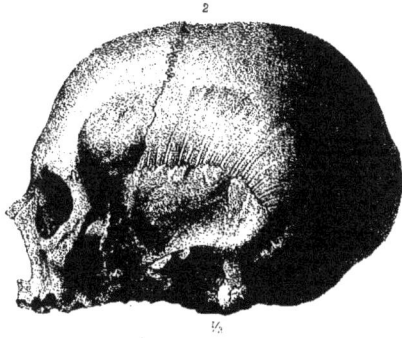

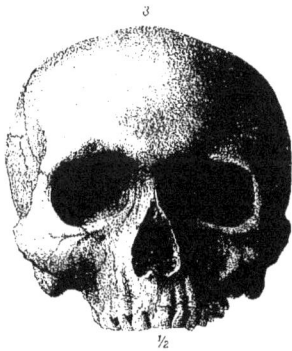

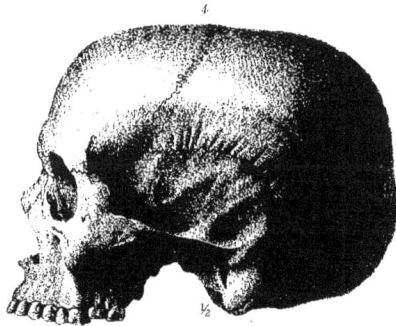

PLANCHE VI

Figures réduites aux deux tiers de la grandeur naturelle.

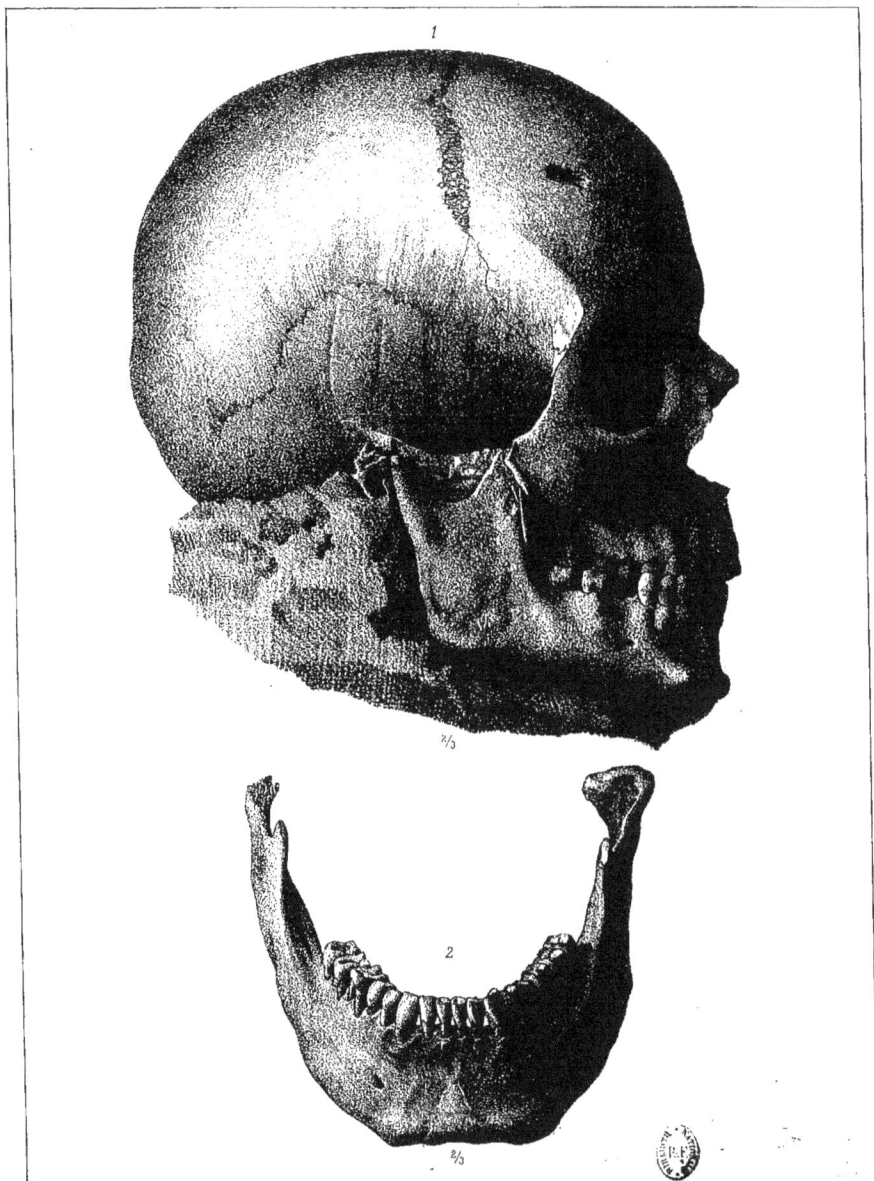

1

²/₃

2

²/₃

TOULOUSE — IMPRIMERIE DOULADOURE-PRIVAT, RUE SAINT-ROME, 39

La première publication des Archives du Musée d'Histoire naturelle de la ville de Toulouse, qui est aussi un Musée d'*Ethnographie* et d'*Archéologie préhistorique*, parut à la fin de 1879, sous ce titre : L'AGE DE LA PIERRE POLIE ET DU BRONZE AU CAMBODGE, D'APRÈS LES DÉCOUVERTES DE M. J. MOURA, LIEUTENANT DE VAISSEAU, REPRÉSENTANT DU PROTECTORAT FRANÇAIS AU CAMBODGE, par le Dr J.-B. NOULET; in-4°, avec huit planches lithographiées; Édouard PRIVAT, libraire à Toulouse, rue des Tourneurs, 45. . . . . 10 fr.

La deuxième publication : ÉTUDE SUR LES CAILLOUX TAILLÉS PAR PERCUSSION DU PAYS TOULOUSAIN, ET DESCRIPTION D'UN ATELIER DE PRÉPARATION DANS LA VALLÉE DE LA HYSE (HAUTE-GARONNE), par le Dr J.-B. NOULET, parut à la fin de l'année 1880, in-4°, avec huit planches lithographiées; même librairie. . . . . 10 fr.

La troisième publication : NOUVELLES ÉTUDES SUR LE GISEMENT QUATERNAIRE DE CLERMONT (PRÈS DE TOULOUSE), AU DOUBLE POINT DE VUE DE LA PALÉONTOLOGIE ET DE L'ARCHÉOLOGIE PRÉHISTORIQUES, par le Dr J.-B. NOULET, parut à la fin de l'année 1881, in-4°, avec huit planches lithographiées; même librairie. . . . . 10 fr.

La quatrième publication, qui est la présente, a paru à la fin de l'année 1882, in-4°, avec six planches lithographiées; même librairie. . . . . . . , 10 fr.

Toulouse, imp. DOULADOURE-PRIVAT, rue Saint-Rome, 39. — 4543

www.ingramcontent.com/pod-product-compliance
Lightning Source LLC
Chambersburg PA
CBHW050539210326
41520CB00012B/2636